10대를 위한

기술선생님이 들려주는

궁금한
제조
기술의 세계

심세용 · 한승배 · 오규찬 · 오정훈 · 이동국 **지음**

01

(주)삼양미디어

궁금함이 많은 10대에게
기술선생님이 들려주는
제조 기술 이야기

　　손에 쥐어진 스마트폰, 거리에서 흔히 볼 수 있을 것 같은 자율 주행 자동차, 놀랄 정도로 발전 속도가 빠른 로봇까지 지난 십여 년 동안 과학과 기술은 눈부시게 발전하였습니다. 그리고 많은 사람들은 앞으로 그 발전 속도가 더 빨라지고 영향력도 더욱 커질 것이라고 예측하고 있습니다. 기술은 인간이 자신의 욕구를 충족시키기 위해 자원의 형태를 변화시키는 수단이나 활동을 말합니다. 기술은 인간의 바람을 이루어 주면서 인류의 역사를 통해 볼 때 한 순간도 빠짐없이 계속 발전하여 왔습니다. 우리는 재료와 생산 체계의 발달로 인하여 공장에서 물건을 대량으로 생산하는 시대에 살고 있습니다.

　　오래전 재료와 도구의 발달은 농업 시대의 생산량의 증가에 큰 영향을 주었고, 그 기술력의 차이는 문명의 지속과 국가의 유지에 중요한 요인이 되었습니다. 또 증기 기관의 발명과 함께 발생한 산업 혁명과 컨베이어 벨트를 이용한 공장 시스템의 변화, 이를 통한 생산량의 증가는 인간의 생활을 크게 변화시켰습니다.

　　제1부와 제 2부에서는 시간의 흐름에 따른 변천 과정, 재료와 제조 기술의 발달과 관련 기술의 발달을 확인하고, 그 원인과 결과에 대하여 생각해 보고 미래의 방향을 예측할 수 있습니다.

제3부에서는 현재 우리가 편리하게 여러 가지 기기들을 사용하기까지 우리 삶에 큰 영향을 끼치고 있는 전기·전자를 포함한 여러 가지 기술에 대하여 주요 기기와 활용을 중심으로 설명하였습니다.

제4부에서는 다양한 제품을 예로 들고, 해당 제품의 특징과 발달 과정에 대하여 설명하였습니다. 이 부분에서 해당 기술과 그 결과물인 제품은 과학자와 기술자의 끊임없는 노력과 헌신의 결과물임을 확인할 수 있습니다.

전기·전자 기술에 이은 정보 기술의 발달은 공작 기계, 산업 기계의 자동화로 생산성을 혁신적으로 높이며 3차 산업 혁명을 이끌었습니다. 이러한 산업 발달의 결과물 중 하나인 제품은 의식주를 해결하기 위한 것을 기본으로 건강, 문화, 여가 등 다양한 분야에서 앞으로도 계속 발전할 것입니다.

이 책을 통해서 관련 기술의 역사와 발전 방향이 여러분의 기술적 교양과 미래 사회에 필요한 역량을 길러서 여러분의 꿈을 설계하는 데 도움이 되기를 바랍니다. 또 급격하게 변화하는 기술 사회에서 자신이 관심 있는 부분에 열정을 가지고 지혜롭게 행동하고 노력하기를 기대해 봅니다.

저자 일동

CONTENTS

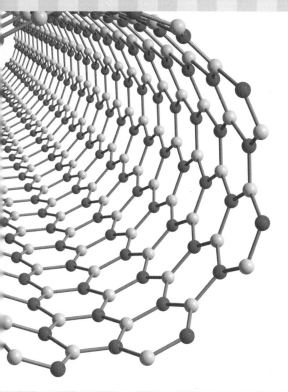

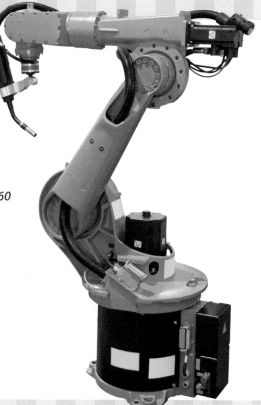

III 전기·전자 기술의 세계

IV 제품의 세계

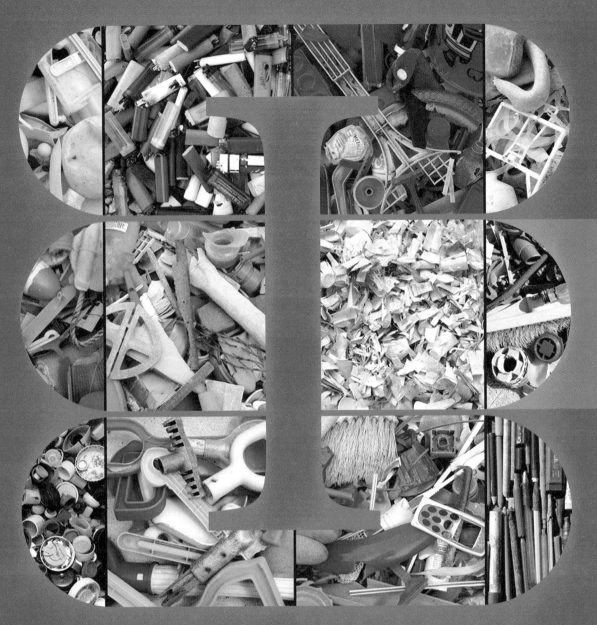

　일반적으로 어떤 물건을 만들거나 물체를 구성하는 데 바탕이 되는 것을 재료라고 합니다. 우리 주변에서 흔히 볼 수 있는 돌, 나무 등을 포함하여 일상에서 사용하는 모든 제품에는 그 제품을 만들기 위하여 사용되는 재료가 있습니다.

　제1부에서는 일상생활에서 사용하는 여러 가지 제품에 사용된 여러 재료를 살펴보고, 그 재료는 언제, 어떻게 발견되었으며, 또 어떤 성질을 가지고 있는지 알아보겠습니다. 또한 오늘날 우리가 사용하기까지 어떤 용도로 사용되어 왔는지 그 변천 과정도 알아보겠습니다.

재료의 세계

01 구리

우리가 일상생활에서 사용하는 여러 물건들은 다양한 재료로 만들어지는데, 이때 사용되는 주 재료를 소재라고도 한다. 일반적으로 석기·청동기·철기 시대로 시대를 구분할 만큼 소재는 인류의 역사에 큰 영향을 끼쳤다. 금속 중에서는 일찍부터 구리가 사용되었는데 그 이유는 무엇일까?

인류가 금속을 사용하면서 문명 시대가 시작되었다고 할 정도로 금속은 인간의 생활에 많은 변화를 가져왔다. 우리 주변에서 볼 수 있는 것들 중 반짝반짝 여러 가지 빛을 내고 단단한 것들은 대부분 금속이다. 오늘날 금속은 자동차, 건물, 주방, 공부방 등 사용되지 않는 곳이 없을 만큼 생활에 널리 쓰이고 있다.

구리의 발견

구리는 금은과 더불어 인간이 사용한 최초의 금속으로, 약 1만 년 전부터 사용되었다. 구리는 가공하지 않은 상태에서 다른 물질과 결합하여 독특한 푸른빛을 띠기 때문에 발견하기 쉬웠고, 녹는점이 낮아 종종 산불이 난 곳이나 모닥불에서 녹아내린 구리를 발견할 수 있었다.

| 구리 원석

| **세계 최대 규모의 노천 구리 광산인 칠레의 추키카마타(Chuquicamata)** 추키카마타는 광산 이름이자 광부들이 사는 마을 이름이다. 광산의 크기는 길이 5km, 너비 3km, 깊이 1km로 하단에서 트럭으로 돌을 싣고 나선형 길을 올라가는 데만 1시간이나 걸릴 정도로 그 크기가 어마어마하다.

이렇게 발견되거나 광산에서 채굴한 구리는 기존에 사용하던 돌과 달리 날카롭고, 힘을 가하면 변형이 쉽고 다른 금속과 잘 융합이 되었다. 그러나 구리는 농사를 짓기 위한 도구로 만들어 사용할 정도로 단단하지 않고, 일상생활에서 흔히 사용하는 도구를 만들 수 있을 만큼 생산량도 충분하지 않았기 때문에 장신구나 예술 작품을 만드는 데 주로 사용하였다. 구리를 완전하게 녹여 도구를 만드는 기술이 발달하지 않았던 당시에는 여전히 돌로 만든 도구를 많이 사용하였다.

| **구리 동전들** 이스라엘 정부의 고고학부가 예루살렘 근처에서 발굴한 동전으로, 서기 69~70년경에 발행된 것으로 추측된다.

| **구리 송곳** 기원전 6천 년대 후반~5천 년대 전반에 만든 것으로 보이는 구리 송곳은 이스라엘과 요르단 국경에 있는 텔 타프에서 고고학자들에 의하여 발굴되었다. 길이는 4cm로 부유한 여자가 매장된 무덤에서 발견된 것으로 보아 장례 부장품인 것으로 추측된다.

청동과 황동의 발견

재질이 아주 무른 금속인 구리는 주석이나 아연과 같은 다른 금속과 섞어 단단한 합금으로 만들어 사용하였다. 이처럼 기존 금속의 성질을 개선하는 방법을 발견하면서부터 금속이 인간의 생활에 널리 사용되는 청동기 시대가 시작되었다.

그렇다면 철기보다 청동기가 먼저 사용된 이유는 무엇일까? 금속을 얻기 위해서는
　　　🔎 인간이 유용하게 사용할 수 있는 자원이 되는 광물 또는 그것을 포함하고 있는 암석
광석에 포함된 금속을 녹일 만큼 높은 온도의 열이 필요하므로 불을 다루는 기술이 금속을 사용하는 순서에 큰 영향을 끼쳤을 것이다. 따라서 1,000℃ 정도의 녹는점을 가진 구리가 1,500℃ 정도에서 녹는 철보다 먼저 사용된 것으로 추측된다.
　　　　　　　🔎 광석에서 금속을 추출하여 목적에 맞는 형태로 만드는 방법이나 기술
청동을 다루는 야금술(metallurgy)의 발달은 인간의 생활 환경을 빠르게 변화시켰다. 이를테면 사냥이나 낚시를 하거나 다양한 물건을 제작하거나 농사를 짓는 방법 등에 이르기까지 생활의 전반에 걸쳐 큰 변화를 가져왔으며, 돌을 변형하여 만든 도구들은 정교하게 만들어진 금속 도구로 바뀌었고, 금속을 다루는 기술의 발전 정도에 따라 부족의 흥망성쇠가 결정되기도 하였다.

질문이요 야금술이 인류에 미친 영향은 무엇일까?

금속을 조작하거나 고온에서 금속을 다루는 기술인 야금술은 인류 문명을 이끌어 온 핵심 기술이다. 구리를 발견하면서 금속을 다루는 야금술이 발달하였으며, 이러한 기술의 발달로 주석과의 합금인 청동 제품을 제조할 수 있었다. 불을 다루는 기술이 더욱 발달함에 따라 철을 녹일 만큼 높은 온도의 열을 만들 수도 있게 되었다.

구리와 주석의 합금인 청동은 인류가 사용한 최초의 합금으로, 단단하고 부식·침식에 강한 성질을 가졌다. 이러한 특성 때문에 동상이나 건축물의 지붕 등 오랜 시간 모양을 유지해야 하는 물건을 제작하는 데 많이 사용되었다. 또한 굳기가 단단하여 전쟁에 사용하는 칼·대포·화살촉과 같은 무기를 만드는 데도 사용하였다. 청동은 금이나 은과 달리 두드려서 다루기가 어려워 제품을 제작할 때 거푸집을 사용하기도 하였다.

청동기, 철기 등 금속을 녹인 것을 부어 어떤 물건을 만들기 위한 틀

구리와 아연의 합금인 황동은 글자 그대로 누런 빛을 띠는 금속으로, 동전이나 악기 등을 만드는 데 사용되기도 하였다.

청동과 황동은 오늘날까지 꾸준하게 사용되고 있는데, 주로 화폐·조각상·건축물·주방 기구·장식품 등을 만드는 데 널리 쓰이고 있다.

| 황동으로 만든 동전과 색소폰

현대의 구리 사용

1900년대 이후부터 인류가 전기 에너지를 사용하기 시작하면서 구리의 사용량은 빠르게 증가하였다. 구리는 다른 금속들보다 전기가 잘 통하고 금은에 비하여 생산 비용이 낮아 전선의 재료, 전자 제품을 구성하는 전자 부품, 집적 회로, 인쇄 회로 등의 재료로 쓰이고 있다.

최근에는 박테리아와 균을 없애는 효

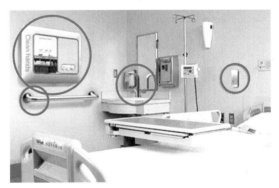

| 슈퍼박테리아나 세균 등의 유해 미생물에 대한 살균력이 강한 구리 합금인 항균 구리를 이용한 병실

과가 탁월한 성질을 지닌 항균 구리를 개발하여 요식업소의 물품이나 병실의 침대, 의료 기기 등 병원에서 감염을 예방하기 위한 물품을 만드는 데 쓰이고 있다.

일정한 시설을 만들어 놓고 음식을 파는 곳

유물의 발굴에서 보존까지

　유적 발굴이나 건물 공사중에 귀중한 유물이 발견되곤 한다. 유물을 조사할 때는 손상을 줄이는 것이 중요하므로 적외선, 자외선, X선, 감마(γ)선 등 비파괴 검사 방법을 이용하여 유물의 성분과 구조, 재료를 조사한다. 이외에도 필요한 경우에는 유물에서 특정 부분을 아주 조금 떼내어 검사하기도 한다. 검사가 끝나면 재질에 따라 다양한 방법으로 보존 처리를 하게 되는데, 철·구리·주석·금·은과 같은 금속으로 된 유물은 공기 중의 산소와 반응하면 부식이 진행되므로 이를 막기 위하여 안정화 처리 등을 하는데 이와 같은 전반적인 작업을 문화재 보존 기술이라고 한다.

↳ 유물이 손상되지 않는 환경을 찾아내고, 손상된 유물에 생명력을 불어넣는 기술

　유물은 한번 파손되면 원상태로 복원하기가 매우 어려우므로 문화재 보존 기술은 문화재를 연구하는 데 있어서 중요한 분야 중 하나이다.

| 1993년 부여 능산리에서 발견된 금동 대향로(국보 제287호) 7세기경에 만들어진 것으로, 우리나라의 대표적인 청동 유물 중 하나이다.

| 금동 대향로의 원형이 완벽하게 보존될 수 있었던 것은 구리와 아연, 주석을 합금한 청동으로 만들어졌으며, 주변의 진흙에 의해 진공 상태로 유지되었기 때문이다.

↗ 비파괴 검사로 유물의 성분이나 사용된 재료 등을 조사

예비 조사 → 표면 이물질 제거 → 세척 및 건조 → 안정화 처리 → 강화 처리 → 접합 및 복원 → 자료화 및 보관

↳ 특수 화학 물질을 이용하여 염분을 제거하고, 부식을 억제하는 물질을 강제로 투입하여 다시 부식되는 것을 막는 작업을 시행

| 출토된 금속 유물의 보존 처리 과정

구리로 만든
자유의 여신상은
왜 밝은 녹색일까?

1876년 미국 독립 100주년을 기념하기 위해 프랑스 사람들이 모금하여 미국에 기증한 자유의 여신상은 300개의 구리판을 조립하여 만들어졌다. 제작 당시에는 구리의 색상인 갈색 계통이었지만, 바닷바람으로 인하여 빠르게 산화되어 녹색으로 변하였다. 자유의 여신상은 오른손에 햇불, 왼손에 미국 독립 선언서를 들고 있는데 햇불은 도금을 하여 금빛으로 반짝인다.

| 자유의 여신상은 프랑스에서 만들 때 조각조각으로 분리되도록 제작하여 미국에서 재조립하였다.

| 1984년 유네스코 세계 유산으로 지정된 자유의 여신상의 정식 명칭은 '세계를 비추는 자유(liberty enlightening the world)'이다.

02 철

영화 '아이언맨'의 주인공 토니는 백만장자이면서 천재 발명가이다. 심장에 큰 상처를 입은 토니는 자신의 생명을 연장하고, 세계의 평화를 지키기 위해 첨단 기술을 사용한 슈트(suit)를 만들었다. 토니를 천하무적으로 만든 슈트는 무엇으로 만들어졌을까?

인간은 구리를 사용하면서 금속을 다루는 방법과 합금을 만드는 방법, 그리고 금속과 불순물의 관계를 알게 되었으며, 정교한 금속 제품을 만드는 기술도 발달시켰다. 특히 불을 다루는 기술은 나날이 발전하여 높은 온도에서 다양한 금속을 얻을 수 있었다.

인류가 철을 발견한 기원으로는 산불이 난 곳에서 우연히 녹은 철을 발견하였다는 설과 우주에서 떨어진 운석에서 발견하였다는 설 등이 있다. 이후 철광석과 숯을 사용한 제철 기술이 발달하면서 철은 빠르게 청동의 자리를 차지하기 시작하였다.

철기 시대의 시작

고대 국가인 히타이트(Hittite)는 인류가 철을 도구로 사용하는 철기 시대로 진입하는 데 큰 역할을 하였다. 히타이트 사람들은 철을 불에 달군 뒤 망치로 두드려 가공하고, 액체에 담가 도구를 만드는 방법을 처음으로 사용하였다.

| **히타이트(Hittite) 제국** 기원전 약 18세기~13세기에 현재 터키를 포함하여 아나톨리아('떠오르는 태양을 향한 땅'이라는 뜻) 고원 지대를 중심으로 후기 청동기 시대의 오리엔트 세계를 지배했던 국가이다. 히타이트 제국에서는 철이 금은보다 값진 물건이었다.

기원전 1300년경 이집트 사람들은 히타이트 사람들을 아주 무섭고 싸움을 즐기는 야만인으로 기록하였는데, 이는 히타이트 제국이 일찍부터 철제 무기를 사용하였기 때문이었을 것이다.

철은 생활용품과 농기구를 제작하기에 충분한 양을 생산할 수 있었으며, 가공하는 방법에 따라 다양한 성질을

ThinkGen
철기 시대의 유물이 청동기 시대보다 많이 발견되는 이유는 무엇일까?

가진 물건을 만들 수 있는 재료였다. 이러한 특징으로 철은 청동을 대신하여 가장 많이 사용하는 금속이 되었다. 철의 사용은 청동기 시대의 농업, 정치, 문화, 생활 등의 양식을 바꾸는 계기가 되었다. 이후 사람들이 철을 다양한 용도로 사용하면서 질 좋고 더 단단한 철을 원했지만, 강철을 생산하는 데는 많은 시간과 비용, 높은 수준의 기술이 필요하였다.

철제 무기 **김해 퇴래리 철갑옷**

| 한반도의 철기 시대는 기원전 3세기~4세기로, 가야 시대(기원전 42~562년)에 철제 도구로 농사를 짓고, 철로 만든 투구와 갑옷을 사용한 것으로 보아 철 관련 기술이 상당한 수준이었음을 짐작할 수 있다.

철의 대량 생산

철을 대량 생산하는 데 있어서 혁신적인 사건은 1855년 영국의 발명가 헨리 베서머(Henry Bessemer)가 강철을 대량으로 생산하는 방법을 개발한 것이다. 발명가의 이름을 딴 베서머법은 철에 높은 열을 가하여 녹인 후, 바닥부터 공기를 불어넣어 철에서 불순물을 제거하는 방법이다.

| 철광석

베서머법의 개발로 이틀 이상 걸리던 강철 생산 공정을 20~30분만에 처리할 수 있게 되었고, 불순물이 제거된 철은 액체 상태에서 다양하게 가공할 수 있게 되었다. 이로 인하

여 강철의 대량 생산이 가능해졌으며, 생활용품부터 건축 재료에 이르기까지 인간이 문명 생활을 함에 있어서 철은 가장 유용한 금속 중 하나로 자리 잡게 되었다.

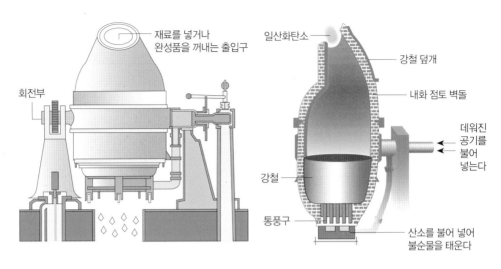

재료를 넣거나 완성품을 꺼내는 출입구
회전부
일산화탄소
강철 덮개
내화 점토 벽돌
데워진 공기를 불어 넣는다
강철
통풍구
산소를 불어 넣어 불순물을 태운다

| 베서머법은 이전의 공법이 불순물을 투입한 것과는 다르게 철에서 불순물을 제거하여 강철을 대량 생산하는 방법이다.

스테인리스강 발명

철은 산업 혁명을 거치며 여러 분야에서 유용하게 활용되었지만, 공기와 습기를 만나면 녹이 스는 단점이 있다. 이로 인하여 물을 사용하는 곳에서는 철로 만든 도구를 사용하기 불편하였고, 철제품과 철길은 시간이 지날수록 녹이 슬고 약해지는 까닭에 위험한 경우도 종종 발생하였다.

1913년 영국 브라운 퍼스사의 연구팀 책임자였던 해리 브리얼리(Harry Brearley)는 크롬과 탄소 등을 이용하여 강철인 스테인리스강(stainless steel)을 발명하였다. 스테인리스강은 녹이 슬지 않으면서 단단하기까지하여 산업용 재료, 자동차와

| 스테인리스강으로 만든 조리 기구

| 스테인리스강으로 만든 주방

항공·우주 관련 구조물 등을 만드는 데 쓰이며, 빌딩을 지을 때 건축 재료로도 사용되고 있다. 또 스테인리스강은 부식에 강하고 항박테리아 성질이 있기 때문에 조리 도구, 식음료 저장 탱크, 의료용 기구 등에 널리 활용되고 있다.

우리나라의 철 생산

우리나라에서는 제강, 제철의 주원료로
쓰이는 철광석이 생산되지 않는다. 그럼
에도 불구하고 철 생산량이 세계에서 다섯
번째로 많으며, 포스코와 현대제철 등 뛰
어난 기술을 가진 철강 생산 기업도 많다.

우리나라의 철강 산업은 1973년 포항
제철소(현재의 POSCO)가 만들어지면서 시작
되었다.

철강을 생산하는 철강 산업의 발달은
철강재를 안정적으로 공급하여 자동차,

| 철강 생산 용광로에서 철광석을 녹여 쇳물을 만든 후 여러 과정을 거쳐 철을 생산한다.

조선, 기계 산업 등을 발달시키는 데 중요한 역할을 하였다. 더 나아가 철강은 우리나라가
경제적으로 성장하는 발판을 만들어 주기도 하였다.

아하
그렇구나

폐철은 어떻게 재활용될까?

가정이나 학교, 회사 등에서는 플라스틱, 유리, 종이, 캔 등을 재활용하기 위하여 분리수거를
하고 있다. 철은 다른 재료에 비해 재활용률이 높다. 일일이 손으로 분류 작업을 해야 하는 유
리, 종이 등과 달리 철은 자석에 붙는 성질을 이용하여 쉽게 분류할 수 있다. 이렇게 분류된
철은 높은 열을 가해 대부분의 불순물을 걸러 낼 수 있기 때문에 생산된 철의 90% 정도를 재
활용할 수 있다. 우리가 사용하는 주변의 철제품은 철광석에서 생산된 후 수차례 또는 수십
차례 순환 생산된 것이다.

철을 재활용하면 철광석으로부터 직접 생산
하는 것보다 이산화 탄소와 질소 산화물 등과
같은 환경 오염 물질을 90% 정도 줄일 수 있
어서 환경 보호 측면에서도 효율적이다. 재활
용 과정에서 발생하는 찌꺼기(슬래그)는 시멘
트를 제조할 때 골재로 사용할 수 있다.

고철 덩어리를 버린 채 그대로 방치할 경우에
는 환경 오염을 일으킬 수 있다. 하지만 고철
덩어리를 회수하여 철강 제품으로 다시 만들
어 사용하고, 찌꺼기도 골재로 활용하는 등의
작업을 통해 녹색 경영도 실천할 수 있다.

| 회수된 고철 덩어리 수집한 고철 덩어리를 녹이면
90% 정도를 재활용할 수 있으므로 한번 생산된 철은
약 40회 정도 순환 생산이 가능하다.

철은 어떤 과정을 거쳐 만들어질까?

철강의 제조 공정은 '① 제선 공정 → ② 제강 공정 → ③ 연주 공정 → ④ 압연 공정'을 통해 만들어진다. 이와 같은 공정을 거쳐 만들어진 강철은 다양한 제품으로 재탄생된다.

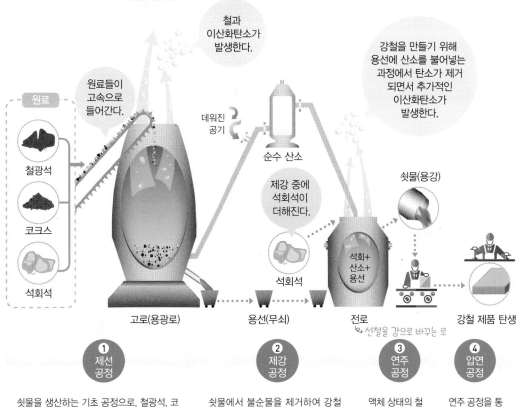

불순물을 제거하기 위해 석회석이 추가되면서 이산화탄소가 만들어진다.

철과 이산화탄소가 발생한다.

강철을 만들기 위해 용선에 산소를 불어넣는 과정에서 탄소가 제거되면서 추가적인 이산화탄소가 발생한다.

원료들이 고속으로 들어간다.

데워진 공기

순수 산소

제강 중에 석회석이 더해진다.

쇳물(용강)

원료

철광석

코크스

석회석

석회석

석회+산소+용선

고로(용광로)

용선(무쇠)

전로
ㄴ 선철을 강으로 바꾸는 로

강철 제품 탄생

① 제선 공정

쇳물을 생산하는 기초 공정으로, 철광석, 코크스, 석회석을 약 100미터의 고로 속에 넣고, 1,200℃ 정도의 뜨거운 바람을 넣으면 코크스가 연소되면서 나오는 일산화탄소에 의해 철광석이 환원되어 철이 녹아 쇳물이 나온다(온도는 약 1,500℃).

② 제강 공정

쇳물에서 불순물을 제거하여 강철로 만드는 공정으로, 용선을 전로 속에 넣고 순수한 산소를 불어넣어 불순물을 제거하면 깨끗한 쇳물인 용강이 나온다.

③ 연주 공정

액체 상태의 철이 고체 상태로 되는 공정으로, 액체 상태인 용강을 주형에 부어 냉각·응고시켜 중간 소재인 슬래브가 만들어진다.

④ 압연 공정

연주 공정을 통해 만들어진 슬래브를 롤(roll) 사이를 통과시키면서 힘을 가하여 늘리거나 얇게 만든다.

○3 알루미늄

음료용 알루미늄 캔은 내용물이 들어 있을 때는 단단하게 느껴지지만, 내용물을 모두 마신 빈 캔은 가볍고, 손으로 구겨질 정도로 약하다. 최근에는 자동차의 뼈대인 프레임을 알루미늄으로 만든다고 하는데, 그럼 자동차도 손으로 쉽게 구길 만큼 약한 것은 아닐까?

자동차나 비행기는 무거울수록 연료가 많이 소모된다. 1970년대에 오일 쇼크[●]를 겪으면서 연료의 가격이 높아지자 자동차를 만드는 회사들은 자동차의 차체를 만드는 데 사용하던 철을 대신할 가볍고 단단한 물질을 찾으려고 하였다. 그 결과 차체에 가벼운 알루미늄을 사용하는 경우가 늘면서 자동차의 무게가 줄어들었고 이로 인해 적은 양의 기름으로도 먼 거리를 주행할 수 있게 되었다.

알루미늄은 은백색의 가볍고 부드러운 금속으로, 구리·니켈·망간·규소 등 다양한 물질을 섞어 합금으로 만들면 단단해진다. 특히 구리와 마그네슘, 망간 등을 섞어 만든 합금인 두랄루민(duralumin)은 항공기나 경주용 자동차를 만드는 주재료로 사용되고 있다.

│ 두랄루민 활용 알루미늄은 철에 비해 가볍지만 강도가 약하다. 두랄루민은 이를 보완한 것으로, 철 중량의 3분의 1 정도이면서 강도는 철만큼 단단한 성질을 가진 합금이다. 이러한 성질을 이용하여 항공기 외에도 가볍지만 튼튼한 노트북 컴퓨터의 케이스를 만들거나 튼튼하면서 가벼워 휴대하기 편한 등산용 지팡이를 만드는 등 다양한 제품에 두랄루민이 활용되고 있다.

또한 알루미늄은 공기 중의 산소와 결합하면 외부에 얇은 막이 만들어져 녹이 잘 슬지 않는 특성이 있다. 음료 캔이나 주방의 조리 기구처럼 물과 자주 접촉하는 제품이나 레저용품, 건축물의 창틀, 자동차, 비행기 등 외부 환경에 노출되는 제품들은 알루미늄의 이러한 성질을 잘 이용하고 있는 것들이다.

ThinkGen
자동차 차체를 만들 때 강도와 가격을 내세운 철강이 효과적일까?
아니면 가벼워 연비 개선 효과가 탁월한 알루미늄이 효과적일까?

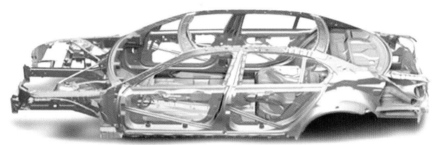

🖋 자동차가 단위 주행 거리 또는 단위 시간당 소비하는 연료의 양

| **자동차 차체의 재질 변화** 자동차를 경량화하면 차량의 연비 또한 향상된다. 이에 세계의 여러 자동차 업체들은 철강 혹은 알루미늄을 자동차 차체나 부품 소재로 활용하고 있다. 최근에는 철과 알루미늄을 혼합한 '알루미늄 하이브리드 소재' 등을 개발하여 사용하기도 한다.

알루미늄의 장단점

우리는 알루미늄 포일(aluminum foil)로 음식물을 포장하고, 알루미늄 캔에 담긴 음료수로 갈증을 해결한다. 전 세계에서 일년 동안 사용하는 알루미늄 캔의 개수는 세계 인구의 몇십 배가 될 정도로 그 사용량이 엄청나다고 한다. 이렇게 알루미늄은 철과 함께 우리의 일상에서 많이 사용하는 금속 소재이다. 알루미늄은 단단하고 가볍고 녹이 잘 슬지 않는

| **알루미늄 포일** 1940년대 레이놀즈 랩 알루미늄 포일사는 추수 감사절에 칠면조를 포장할 때 알루미늄 포일을 사용해 본 경험을 바탕으로 미국 전역의 가정에 알루미늄 포일을 보급하기 시작하였다.

장점을 가진 금속 재료이지만, 철보다 가격이 비싸기 때문에 알루미늄으로 만든 제품 역시 비싸다는 단점이 있다. 또한 제품을 만들 때 각 부분을 용접하는 것이 쉽지 않아 자동차와 같이 튼튼하게 만들어야 하는 제품은 알루미늄만으로 제작하기가 어렵다.

질문이요 알루미늄 포일을 전자레인지에 넣고 돌리면 안 되는 이유는 무엇일까?

전자레인지에서 나오는 전자파는 금속을 통과하지 못하고 반사된다. 따라서 전자레인지에서 나오는 전자파가 금속성인 알루미늄 포일과 만나면 서로 부딪히면서 불꽃이 일어나 화재의 위험성이 크다. 따라서 알루미늄 포일로 포장한 식품은 절대로 전자레인지에 넣고 돌리면 안 된다.

알루미늄의 사용 및 재활용

알루미늄은 산소, 규소 다음으로 지구 상에 많이 존재하는 물질이지만 우리의 일상생활에서 알루미늄을 사용하기 시작한 것은 그리 오래되지 않았다. 그 이유는 알루미늄이 산소와 강하게 결합한 상태로 존재하여 떼어 내기가 쉽지 않기 때문이다. 또한 전기 분해를 이용하여 알루미늄을

| **KTX 산천** 차량의 무게를 줄이기 위하여 객차의 일부분을 알루미늄으로 제작하였다.

↳ 물질에 전기 에너지를 가하여 산화·환원 반응이 일어나도록 하는 것

생산하는 방법이 18세기에 발명되었지만, 생산 비용이 높아 널리 쓰이지는 못하였다.

이후 기술의 발달로 알루미늄을 생산하는 방법이 개선되면서 건축 재료, 고전압용 전선 등 다양한 분야에 많이 활용되고 있다. 특히 1960년대부터는 알루미늄으로 캔을 제작하여 시중에서 파는 음료 용기로 널리 쓰이기 시작하였고, 다른 금속과 혼합하여 합금을 만드는 데에도 많이 사용하고 있다.

알루미늄의 주요 광석인 보크사이트(bauxite)로부터 알루미늄 캔 한 개를 생산하는 데 필요한 전기 에너지는 백열전구를 100시간이나 켜 놓을 수 있는 양과 같은 정도이다. 이처럼 알루미늄을 생산하는 데는 비용과 에너지가 많이 소모된다. 이에 비해 알루미늄 캔을 재활용하면 5%의 전기만 사용하면 되므로 비용과 에너지 모두 절약할 수 있다. 또한 알루미늄 캔이 땅속에서 썩는 시간은 대략 500년 이상 걸린다고 한다. 그렇기 때문에 한 번 사용한 알루미늄 캔을 수거하여 재활용하면 환경 오염을 줄일 수 있다.

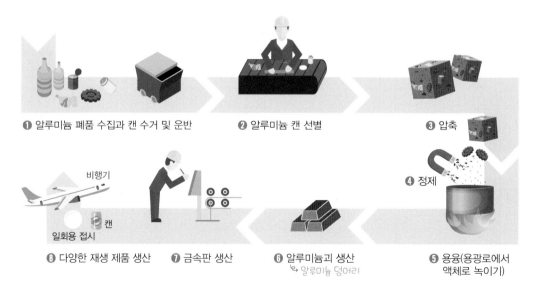

❶ 알루미늄 폐품 수집과 캔 수거 및 운반 　❷ 알루미늄 캔 선별 　❸ 압축

❹ 정제

❽ 다양한 재생 제품 생산 　❼ 금속판 생산 　❻ 알루미늄괴 생산 　❺ 용융(용광로에서 액체로 녹이기)
↳ 알루미늄 덩어리

비행기
캔
일회용 접시

| 수거한 알루미늄의 재활용 처리 과정

O4 세라믹스

태웅이는 설거지를 돕다가 실수로 접시를 바닥에 떨어뜨려 깨는 바람에 엄마한테 혼이 났는데, 그 접시는 세라믹스로 만든 제품이었다. 그런데 태웅이는 얼마 전 세라믹스를 인공 관절의 재료로 사용한다는 신문 기사를 읽은 적이 있다. 이처럼 깨지는 소재를 인공 관절로 사용하면 위험하지 않을까?

인류는 오래전부터 그릇과 같은 용기를 흙으로 빚은 후 높은 열에서 구워 사용하였는데, 이처럼 금속이 아닌 무기 물질을 열처리하여 사용한 재료를 세라믹스(ceramics)라고 한다. 세라믹스의 대표적인 제품인 도자기는 흙으로 만든 그릇으로, 신석기 시대에 점토를 불에 구워 사용하면서부터 시작되었다. 이후 불을 다루는 기술이 발달하여 섭씨 1,000℃ 이상의 온도를 다룰 수 있게 되면서 다양한 도자기 문화가 꽃피우기 시작하였다.

| 국보 제95호, 청자 칠보 투각 향로

↳ 고려 시대에 만들어진 푸른빛의 자기

우리나라를 대표하는 유물 중 고려청자는 현대에도 흉내 내기 어려울 정도로 신비한 색깔과 아름다운 모양 그리고 상감 기법으로 새긴 섬세하고 세련된 문양의 조화로 그 예술적인 가치를 널리 인정받고 있다.

이외에도 우리가 평소에 사용하는 유리잔, *스테인드글라스로 만든 예술품도 세라믹스를 이용한 제품의 한 종류이다.

ThinkGen
경도와 강도는 어떻게 다를까?

| 고딕 양식인 프랑스 샤르트르 대성당의 스테인드글라스

---
*
스테인드글라스 색유리를 이어 붙이거나 유리에 색을 칠하여 무늬나 그림을 나타낸 장식용 판유리를 뜻한다.

피라미드

루브르 박물관의 유리 피라미드

| **세라믹스를 이용한 건축물** 세라믹스는 고대부터 현대까지 건축 재료로 많이 사용하고 있다.

유리의 발전

기원전 2500년경 고대 이집트와 메소포타미아에서 만든 것으로 보이는 유리구슬이 발견된 것으로 미루어, 인류는 오래전부터 유리를 사용했던 것으로 보인다. 로마 시대에는 유리 그릇이나 유리 장식 등 다양한 유리 제품이 사용되었다. 이후 중세 베네치아에서는 유리 산업이 크게 발달하여 유럽과 아시아 등에 영향을 주었다. 근대 공업화와 함께 유리 제품이 대량 생산되고, 성질에 대한 연구가 진행되면서 건축, 전기·전자, 기계 영역에서 중요한 역할을 하는 재료로 발달하였다.

유리의 제조법은 만들려는 그릇의 모양이나 사용 목적에 따라 다르고, 대량 생산을 해야 하는 것 등 생산 방식에 따라서도 각각 다른 기술이 사용된다. 이 중 많이 사용되는 수작업에 의한 방식은 유리 덩어리를 높은 온도에서 액체처럼 녹인 후 롤러를 이용하여 유리창처럼 판형을 만들거나 관으로 공기를 불어넣어 원형 모양으로 만들 수 있다.

| 완성된 유리 제품

| 녹인 유리를 이용하여 모양을 만드는 작업

질문이요 색유리는 어떻게 만들까?

유리는 일반적으로 모래의 석영이나 석회석을 원료로 하고 이외에도 다양한 첨가물과 함께 용광로에서 녹여서 만든다. 색유리는 일반 유리에 망간, 코발트, 크롬 등의 착색제를 섞어서 녹인 후 평평하게 펴고 천천히 식혀서 만든다.

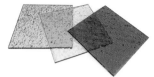

| 여러 가지 색유리

세라믹스의 응용

우리 주변에서 세라믹스로 만들어진 제품에는 어떤 것이 있을까? 무심코 넘어갈 수 있지만 집을 짓는 데 사용하는 재료인 시멘트도 세라믹스의 한 종류이다. 현재 존재하는 구조물 중 가장 오래된 이집트의 피라미드도 시멘트를 재료로 사용했을 정도로 그 역사가 오래되었다.

영국 포틀랜드 섬의 석재와 색이나 모양이 비슷한 데서 붙여진 이름 ↘

1824년 영국의 조셉 애스프딘(Joseph Aspdin)이 현재 사용하는 형태의 포틀랜드 시멘트를 최초로 발명한 후 제조법이 발전하면서 1850년대 이후 재료의 배합이나 소성 온도 등과 같은 시멘트 제조 조건의 기반이 닦여졌다. 1851년 런던 공업 박람회에서는 접합용으로 사용하던 시멘트가 콘크리트 및 모르타르판 형태의 건축 및 토목용 재료로도 소개되었다.

↘ 시멘트 모르타르로 만든 판

열에 잘 견디고 화학적으로 안정된 성질이 있는 시멘트는 전자기적으로 안정된 특성이 발견되면서 그 응용 범위를 넓혀 가고 있으며 깨지기 쉬운 성질이나 변형이 어려운 부분은 시멘트 제조 기술이 발달함에 따라 점차 개선되어 가고 있다.

우주 왕복선의 몸체 우주 왕복선의 외부는 고온에 잘 견디는 세라믹스 조각들로 덮여 있다.

아하 그렇구나

파인 세라믹스(fine ceramics)란 무엇일까?

파인 세라믹스는 도자기, 유리, 시멘트 등과 같은 일반적인 세라믹스를 다시 가공하고 정제한 후, 불순물을 제거하고 재질을 균일하게 하여 더 강력하고 정교하게 만든 세라믹스이다. 파인 세라믹스는 텔레비전이나 에어컨 등 가전제품의 각종 부품, 집적 회로(IC), 여러 유형의 센서 등 다양한 용도로 사용되고 있다.

세라믹스를 이용한 인공 관절

최근 우리 사회의 인구가 고령화되어 감에 따라 퇴행성 관절염 환자들이 늘어나고 있는 추세이다. 이러한 주 원인은 관절을 오랫동안 사용하여 닳아졌거나 외부 충격에 의한 손상 때문이다. 관절의 일부가 손상된 경우에는 물리 치료와 같은 비수술적인 방법을 사용하지만, 증상이 심한 경우에는 손상된 무릎 관절의 뼈를 제거하고 그 부위를 인공 관절로 대체하여야 한다.

초기에 제작된 인공 관절은 그 수명이 짧고 품질이 고르지 않아 실제로 사람에게 사용하지 못하였으나, 1940년대에 들어 인공 관절이 금속이나 플라스틱의 일종인 폴리에틸렌을 사용하여 제작되기 시작하면서 성능과 수명이 향상되었다.

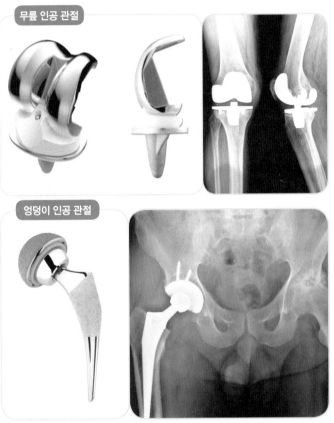

무릎 인공 관절

엉덩이 인공 관절

| **인공 관절** 무릎 인공 관절과 엉덩이 인공 관절은 오래전부터 개발되어 널리 시술되고 있으며, 수술한 후 잘 관리하면 평생 동안 사용할 수 있다.

최근에 많이 사용되는 '세라믹스 인공 관절'은 세라믹스의 한 종류인 *지르코늄(zirconium)이라는 신재료를 이용하여 만드는데, 이것은 인공 관절의 표면을 특수 처리하여 도자기처럼 매끄럽고 잘 깨지지 않게 한다. 또 지르코늄은 열에 강하고 금속 사이에 있는 인공 연골판과의 마찰이 적어 쉽게 마모되지 않아 오래 사용할 수 있다. 이러한 장점을 가진 지르코늄을 인공 관절에 사용함으로써 환자의 관절 통증을 줄여 주고, 관절 운동도 가능하게 하여 환자들의 삶의 질을 향상시킬 수 있게 도와주고 있다.

---

* 지르코늄 원자 번호 40번 원소. 티탄족에 속하는 전이 원소의 하나로, 열이나 부식에 강해 여러 분야에서 활용되고 있다. 특히 철강에 소량의 지르코늄을 첨가하여 만든 특수강은 원자력 공업의 중요한 재료로 사용된다. 또한 천연 금속 중에서 중성자를 흡수하기 가장 어려워 원자로의 연료봉을 피복하는 재료 등에 사용한다.

O5 플라스틱

우리는 일상생활에서 플라스틱으로 만든 제품을 많이 사용한다. 하지만 같은 플라스틱으로 만든 제품이라도 모양과 성질, 손으로 만질 때의 느낌은 많이 다르다. 플라스틱은 어떤 재료이기에 그런 것일까?

역사학자들은 보통 인류가 살아온 시기를 그 당시를 대표하는 재료에 따라 석기 · 청동기 · 철기 시대로 구분한다. 그렇다면 미래의 우리 후손들은 지금을 어떤 시대로 분류할까? 혹시 플라스틱 시대를 추가하지는 않을까?

오늘날 사람들은 플라스틱 섬유로 만든 시트의 침대에서 잠을 자고 깨어나며, 플라스틱 칫솔로 양치를 하고, 플라스틱 컵으로 물을 마시며, 플라스틱 섬유로 만든 옷을 입고 하루 생활을 시작한다. 이렇듯 현대인들이 플라스틱을 사용하지 않고 생활하는 것은 상상하지 못할 일이다. 이러한 근거로 우리는 플라스틱 시대에 살고 있다고 해도 지나치지 않을 정도이다.

| 플라스틱으로 만든 다양한 제품들

당구공 셀룰로이드가 발명된 후, 상아 대신 당구공을 만드는 재료로 플라스틱을 사용하기 시작하였다.

플라스틱은 접착제 · 포장지 · 컵 등의 생활용품부터 반도체 및 디스플레이 같은 첨단 제품에까지 널리 사용되고 있지만, 본래 플라스틱이 개발된 목적은 1800년대 유행한 당구 경기에 사용하는 공을 만들기 위한 것이었다고 한다.

당시 상류 사회에서 유행하던 당구 경기에서는 코끼리 상아로 만든 공을 사용하였는데, 코끼리의 개체 수가 줄어들면서 상아 가격도 폭등하게 되자 당구공 제조업자들은 상금까지 걸면서 상아를 대체할 당구공 재료를 찾고자 하였다.

1868년 미국의 인쇄업자였던 존 하이엇(John Wesley Hyatt)은 여러 실험 끝에 천연수지 플라스틱인 셀룰로이드(celluloid)라는 물질을 발명하였다. 이 새로운 물질은 열을 가하면 다양한 모양을 만들 수 있고, 열이 식으면 상아처럼 단단하고 탄력 있는 물질로 변하는 성질이 있다.

베이클랜드 1910년 회사를 설립한 후 플라스틱의 실용화에 힘쓴 미국의 화학자이다.

베이클라이트는 1907년 미국의 화학자 베이클랜드(Leo Hendrik Baekeland)가 *페놀과 *포름알데히드 원료를 이용하여 개발한 최초의 인공 합성수지이다. 베이클라이트는 전기를 통하지 못하게 하는 성질이 있으며 부식되지 않고, 혼합하는 물질에 따라 다양한 특성의 재료를 만들 수 있다. 그리고 열과 압력을 가하여 성형하면 단단하고 잘 깨지지 않으며, 가격도 저렴하였다. 또한 전기가 통하지 않는 성질을 이용하여 절연 재료로 사용되기도 하였다. 플라스틱은 이러한 장점 때문에 전자 제품에도 널리 쓰였다.

1922년 독일의 화학자 헤르만 슈타우딩거(Herrmann Staudinger)는 플라스틱이 서로 연결된 수천 개의 분자 사슬로 이루어진 고분자 물질이라는 사실을 밝혀냈고, 그 이후로 다양한 형태의 플라스틱이 개발되기 시작하였으며, 1933년에는 지금까지 가장 널리 사용되고 있는 플라스틱인 폴리에틸렌 수지(PE)가 개발되어 포장용 비닐봉지, 플라스틱 병, 전기 절연 재료 등 다양한 분야에 활용되고 있다.

합성 섬유의 개발

1939년 뉴욕에서 열린 세계 박람회에서 전 세계 사람들이 가장 주목한 것은 듀폰사에서 개발한 나일론(nylon)이었다.

나일론은 석탄·물·공기 등으로 만들어져 가볍고 부드럽고 탄성이 강한 합성 섬유이다. 나일론 제품은 품질이 좋고 저렴하여 당시 사람들의 많은 사랑을 받았는데, 미국에서는 나일론 스타킹을 구입하려고 백화점에 줄을 선 사람들을 볼 수 있을 정도로 인기가 많았다.

나일론 스타킹 광고 양말을 짜는 기계가 발명되면서 널리 애용된 스타킹의 소재는 나일론의 개발로 면과 모에서 나일론으로 대체되었다.

*
페놀(phenol) 특이한 냄새가 나는 무색의 고체로, 콜타르(coal tar)에 들어 있다. 방부제, 소독 살균제, 합성수지 등을 만드는 데 사용한다.
포름알데히드(formaldehyde) 무색의 기체로, 자극적인 냄새가 있다. 합성수지, 물감, 의약품 등을 만드는 데 사용한다.

이처럼 플라스틱을 재료로 하여 만든 합성 섬유는 목화, 양털, 누에고치에서 생산되는 천연 섬유에 비하여 보관과 손질이 쉽고 가격이 저렴한 장점이 있다. 나일론과 함께 푹신한 옷을 만드는 재료로 많이 사용되는 아크릴 섬유와 구김이 잘 가지 않아 다림질이 따로 필요 없어 안감, 겉감 등에 두루 사용되는 폴리에스테르는 옷, 신발 등을 만드는 재료로 널리 사용되고 있다.

오늘날의 플라스틱

20세기 석유 화학 공업의 눈부신 발전과 함께 대량으로 생산된 폴리스타이렌(PS, Polystyrene), 폴리염화비닐(PVC, Polyvinyl Chloride), 폴리프로필렌(PP, Polypropylene), 폴리에틸렌 테레프탈레이트(PET, Polyethylene Terephthalate)와 같은 플라스틱은 전통적인 재료인 금속이나 세라믹스와 함께 제품을 만드는 주요 재료로 이용되기 시작하였고, 현재는 매년 3억 톤 이상의 플라스틱이 생산되고 있다.

| 휘어지는 차세대 디스플레이 접거나 구부려도 동일한 화질을 구현하는 '종이 같은 디스플레이'이다.

최근에는 정보 통신 기술(ICT)의 발달과 함께 접거나 두루마리처럼 말 수 있는 플라스틱이 개발되어 차세대 디스플레이로 대두되고 있으며, 가볍고 투명한 태양 전지에 이르기까지 다양한 제품에 활용되고 있다. 미래에는 인공 피부나 연골, 인공 장기와 같은 의학 분야에도 플라스틱이 널리 사용될 것으로 예측되고 있다.

아하
그렇구나

플라스틱은 사람의 인체에 안전한 물질인가?

플라스틱 이야기가 나오면 인체에 영향을 미치는 환경 호르몬에 관한 이야기도 빠지지 않는다. 그렇다면 모든 플라스틱이 환경 호르몬을 만들어 내는 것일까? 사실 환경 호르몬을 배출하는 장본인은 플라스틱 제품을 만들 때 사용하는 화학 첨가물인 프탈레이트(phthalate)이다. 이 첨가물은 플라스틱을 말랑말랑하게 만들기 위해 사용한다. 그렇다면 아기들이 사용하는 젖꼭지와 같이 부드러워야 하는 제품들은 어떻게 해야 할까? 신체와 접촉하면서 부드러워야 하는 제품은 환경 호르몬으로부터 비교적 안전하고, 원래 부드러운 성질을 지닌 PS, PP, PET와 같은 플라스틱을 사용한다. 이처럼 제품을 만들 때부터 사용 목적에 맞는 재료를 사용하는 등 안전에 주의를 기울여야 하겠지만, 이를 구입하여 사용하는 사람들도 다양한 제품 정보를 활용하여 안전한 제품을 구입하여 사용하는 소비자 의식도 필요하다.

| 부드러운 성질의 플라스틱으로 만든 젖꼭지

석유를 이용한 다양한 가공 산업

원유를 증류탑에서 분리·정제하면 끓는점이 낮은 것에서부터 높은 순으로 석유가 추출되어 LPG, 휘발유(가솔린), 나프타(naphtha), 등유, 경유, 중유(벙커C유) 등을 차례로 얻을 수 있다. 이 중에서 나프타 등을 사용하여 만든 기초 유분은 다양한 물질과 반응하여 여러 종류의 석유 화학 제품의 원료가 된다.

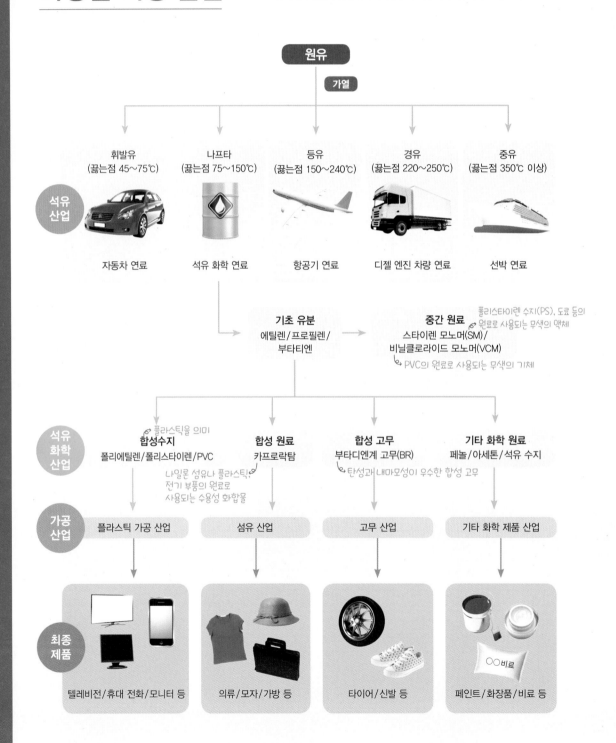

06 나노 기술과 나노 복합 재료

현미경으로 사물을 관찰하면 평상시 우리가 눈으로만 보던 세상과는 또 다른 세상을 볼 수 있다. 눈으로 보이지 않던 현미경의 마이크로(micro) 세상을 볼 수 있게 된 후로 과학 기술은 큰 성장을 이루었다. 이보다 더 작은 나노(nano) 세계를 볼 수 있는 기술을 가진 현대에는 어떤 새로운 일들이 생길까?

나노 기술

나노(nano)라는 말은 '난쟁이'를 뜻하는 고대 그리스어 나노스(nanos)에서 유래된 것으로, 10억분의 1을 의미한다. 나노의 크기를 나타내는 단위는 나노미터(nm)인데, 1나노미터는 1m를 10억 개로 나눈 것 중 하나의 크기로, 아주 작은 단위를 뜻한다. 예를 들면, 작은 모래알 하나의 크기가 1mm라고 한다면, 1나노미터는 그 모래알의 $\frac{1}{1,000,000}$ 만큼 아주 작은 크기($\frac{1,000\text{mm}}{1,000,000,000\text{개}} \rightarrow \frac{1\text{m}}{10\text{억 개}}$)이며, 나노 단위의 크기를 가진 물질을 나노 물질(또는 나노 입자)이라고 한다.

나노 기술은 왜 중요할까? 나노 기술을 이용하면 눈으로는 볼 수 없는 아주 작은 물체도 제어할 수 있다. 아울러 나노 단위의 크기로 작게 만들면 그 물질이 가지고 있던 특성(마찰력, 색, 전기 전도성 등)도 전혀 다르게 바꿀 수 있다. 이러한 점을 적절하게 이용하여 강철 섬유와 같은 새로운 물질을 만들어 낼 수도 있으며, 동식물을 복제하는 기술에도 활용할 수 있다.

나노 물질의 실제 크기가 어느 정도인지 주변의 물체와 비교해 볼까?

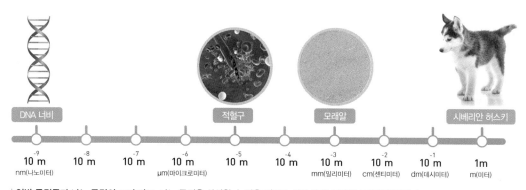

| DNA 너비 | | | | 적혈구 | | 모래알 | | | 시베리안 허스키 |

| 10^{-9} m | 10^{-8} m | 10^{-7} m | 10^{-6} m | 10^{-5} m | 10^{-4} m | 10^{-3} m | 10^{-2} m | 10^{-1} m | 1m |
| nm(나노미터) | | | μm(마이크로미터) | | | mm(밀리미터) | cm(센티미터) | dm(데시미터) | m(미터) |

| 일반 물질들과 나노 물질의 크기 비교 나노 물질은 상상할 수 없을 정도로 아주 작은 미세한 크기의 물질이다.

초고해상도 형광 현미경이 등장한 이후 나노에 관한 연구는 다양한 분야에서 진행 중에 있다. 최근 과학자들과 기술자들은 원자와 분자의 탐구를 통하여 머리카락 굵기보다 훨씬 가는 1~100나노미터(nm)의 금·은·세라믹과 같은 재료를 위에서 아래로 붙여 나가거나, 아래에서 위로 쌓아 올리는 방법으로 다양한 형태의 제품을 개발하고 있다. 이처럼 규칙적으로 만들어진 입자는 수 나노미터에서 수십 나노미터까지 크기가 다양하며 정보 기술이나 생명 기술, 우주·항공 분야 등에서 많이 활용되고 있다.

나노 기술과 복합 재료의 만남

유리처럼 잘 깨지는 재료를 철과 같이 단단하게 만들 수 있을까? 다양한 재료가 개발되고 재료를 연구하는 방법이 날이 갈수록 발전하면서 사람들은 각 재료의 장점만을 모은 것을 원했다. 예를 들어 플라스틱으로 제품을 만들기는 쉽지만 강하지 않고, 금속은 단단하지만 제품을 만들기에는 다소 어려움이 많다.

이러한 문제를 해결하기 위해 두 종류 이상의 재료를 혼합하여 유용한 성질을 갖도록 만든 새로운 재료를 복합 재료라고 한다. 대표적인 복합 재료에는 탄소 섬유와 유리 섬유가 있으며, 연구 개발자들은 이러한 재료를 사용하여 다양한 성질을 가진 제품들을 개발고 있다.

탄소 함유율 90% 이상인 섬유로, 강철보다 강하고 알루미늄보다 가벼움

유리로 만든 인조 섬유로, 플라스틱의 강화 재료로도 쓰임

20세기 초에 개발된 유리 섬유 강화 플라스틱(GFRP: Glass Fiber Reinforced Plastic)은 유리 실로 섬유를 만들고, 플라스틱 수지와 섞어 원하는 모양으로 쌓아 올리는 방법으로 제품

섬유 강화 플라스틱(FRP; Fiber Reinforced Plastic) 각종 섬유로 강화한 플라스틱 복합 재료를 의미하는 것으로, 기계의 강도 향상, 열 변형 온도의 상승, 치수 안전성의 향상 등의 특징이 있다.

을 만들었다. 이러한 유리 섬유 강화 플라스틱은 작은 배를 건조하거나 자동차 차체, 여행용 가방 등과 같이 단단하고 가벼운 제품을 만드는 데 널리 활용된다.

이 중 현재 가장 널리 사용되는 복합 재료는 1960년대에 유리 섬유 대신 탄소 섬유를 플라스틱 수지와 섞어서 개발한 탄소 섬유 강화 플라스틱(CFRP: Carbon Fiber Reinforced Plastic)으로, 강도가 좋고 가벼워 악기·자동차 부품·테니스 라켓·스키 스틱·비행기 날개·등산용품·레저용품 등에 널리 쓰이고 있다.

| 탄소 섬유로 만든 자동차 차체

만약 복합 물질을 만드는 재료를 나노 크기까지 조절할 수 있다면 어떤 변화가 생길까?

나노 크기의 재료를 도마뱀의 발바닥 모양처럼 촘촘히 쌓아 올려 장갑이나 신발을 만드는 데 쓰이는 섬유와 섞으면, 튼튼하고 편리한 등산화를 만들 수 있고, 연잎의 물에 젖지 않는 성질을 이용하여 페인트를 만들면, 자동차나 빌딩 벽에 페인트를 칠한 후 힘들게 닦지 않고 물만 뿌려도 깨끗하게 유지할 수 있다.

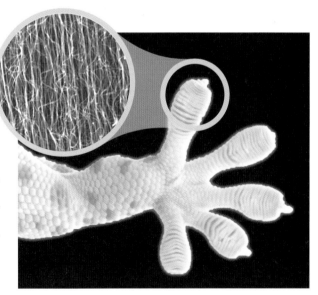

| **게코도마뱀의 발바닥에서 찾은 황금 기술** 게코도마뱀의 발바닥에는 주름이 있고, 그 안에 수많은 미세 털들이 서로 끌어당기는 힘에 의해 천장에 거꾸로 매달려서 이동할 수 있다. 이 점에 착안하여 접착테이프를 개발하여 태양전지 기판을 옮기는 데 사용하기도 하였다.

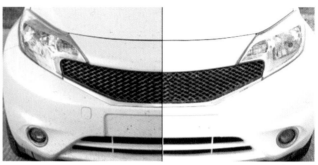

| **자연 속 나노 물질인 연잎** 연잎을 현미경으로 관찰하면 표면의 수많은 미세한 긴털은 물과 반발하는 성질이 커서 물이 떨어지면 잔털 위에 잠시 머물다가 굴러 떨어지게 된다. | **연잎 모방 물질** 연잎의 구조를 이용하여 인공적으로 만든 페인트나 코팅제를 자동차에 칠하면 비나 오염 물질이 덜 묻거나 일반 차량보다 쉽게 닦아 낼 수 있다. 아울러 물에 젖지 않는 옷이나 자기 정화 기능이 있는 자동차 유리를 개발할 수도 있다. |

두 가지 이상의 나노 입자들을 조합하여 만든 나노 복합 재료(nano composites)를 아주 미세한 알갱이로 만들어 피부를 예쁘게 가꾸어 주는 화장품이나 아주 미세한 냄새의 원인이 되는 물질이나 세균을 막아 주는 옷 등의 제품으로 만들어 출시하고 있다.

또한 탄소 나노 물질을 육각형 벌집 모양의 그물 구조로 쌓아 만든 탄소 나노 튜브(CNT)는 탄소 원자가 가늘고 긴 대롱 모양으로 연결된 것으로, 지름이 머리카락 굵기의 10만분의 1에 불과하지만 전기 전도율, 열 전도율이 우수하며, 탄소 원자의 결합은 공기 중에서 매우 강력하여 강도가 크다. 이러한 탄소 나노 튜브를 활용하면 매우 가벼우면서도 강철보다 강도가 큰 초고강도 플라스틱의 개발도 머지 않은 일이 될 것이다. 또한 가까운 미래에는 재료를 분자 상태 혹은 미립자 상태로 제어하여 제조한 나노 복합 재료들이 혈관 로봇이나 다양한 의료 기기 또는 항공·우주 재료로 응용되거나, 연료 전지·태양 전지 등의 에너지 환경 분야에도 널리 이용될 것이다.

↗ 물체 속을 열이 전도하는 정도를 나타낸 수치
↘ 도체에 흐르는 전류의 크기를 나타내는 수치

나노 물질로 화장품을 만들면 어떤 효과가 있을까?

아하 그렇구나

노화 방지를 위해 만든 화장품에 첨가되는 물질에 나노 기술을 적용하면 피부에 흡수되는 비율은 더 높아지게 될 것이다. 실제로 비타민 C는 피부의 진피층까지 스며들어야 효과가 있는데, 원래의 크기로는 피부 깊숙이 스며들지 못한다. 이러한 비타민 C를 머리카락 굵기의 10만분의 1 크기인 나노 입자로 만들면 더 빠르게 피부 깊숙이 스며들게 할 수 있다는 원리이다.

하지만 나노 기술을 활용한 화장품이 인체에 유해할 수 있다는 연구 발표가 계속 제기되고 있어 나노 기술은 아직 공식적으로 안정성이 입증되지 못한 상황이다.

나노 기술로 입자를 잘게 쪼개면 원래 물질에는 없던 특성이 나타날 수 있고, 이로 인해 앞으로 인체에 어떤 영향을 끼칠 수 있는지도 아직 확인되지 않는 점 등은 주의가 필요하다.

| 나노 물질을 이용하여 만든 색조 화장품

07 그래핀

우리가 사용하는 필기구 중 연필심에 사용하는 검은 재료는 흑연이다. 2010년에는 연필심의 재료인 흑연과 투명 테이프를 활용하여 첨단 소재를 얻어내는 데 성공한 과학자가 노벨상을 수상하였다고 한다. 과연 연필심에서 무엇을 얻어 낸 것일까?

그래핀(graphene)은 우리가 흔히 사용하는 연필심과 같은 성분인 탄소로 이루어져 있다. 흑연은 탄소 원자 6개가 육각형을 이루고, 여러 개의 육각형들이 모여 벌집 모양의 육각형 그물처럼 배열되어 층층이 쌓여 있는 구조인데, 이 흑연의 한 층을

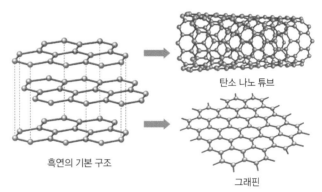

탄소 나노 튜브

흑연의 기본 구조

그래핀

| 벌집 모양의 면으로 이루어진 그래핀과 그래핀을 말아 감은 형태의 탄소 나노 튜브

그래핀이라고 한다. 즉 그래핀은 탄소 원자 1개의 두께로 되어 있는 얇은 막을 뜻한다.

그래핀은 0.2나노미터(nm)의 두께로 빛을 98% 이상 투과시킬 정도로 투명하고, 강도는 강철보다 200배 이상 강하며, 탄성이 뛰어나 늘리거나 구부려도 전기적 성질을 잃지 않는다. 또한 구리보다 100배 이상 전기가 잘 통하고 반도체로 주로 쓰이는 실리콘보다 100배 이상 전자를 빠르게 이동시킬 수 있다. 그래핀은 이러한 여러 가지 특성 때문에 꿈의 소재라

아하
그렇구나

그래핀의 이론적 배경은 무엇일까?

1947년 캐나다의 물리학자 월리스(David Wallace)가 '흑연을 한 겹만 분리하면 독특한 성질을 나타낼 것이다.'라고 그래핀의 특이한 성질을 이론적으로 예측하였고, 이후 많은 과학자들이 연구에 매진했다.

2004년 맨체스터 대학의 가임(Andre Konstantinovich Geim)과 노보셀로프(Konstantin Sergeevich Novoselov) 교수는 연필심에 투명 테이프를 붙였다 떼어 내는 방법으로 그래핀을 분리하는 데 성공하였다. 두 교수는 그래핀을 최초로 흑연에서 분리해 낸 연구 업적으로 2010년 노벨 물리학상을 수상하였다.

고 불리고 있다. 또, 높은 전도율을 이용한 고효율 태양 전지, LED 조명과 가전 기기, 접을 수 있는 투명 디스플레이와 차세대 반도체 등 여러 가지 용도로 확대될 것으로 예상된다.

그래핀을 여러 분야에서 널리 사용하기 위해서는 넓은 면적의 그래핀을 대량으로 생산해야 하므로 산업계에서는 다양한 방법을 연구해 왔다. 그 대표적인 예로 구리 포일에 그래핀을 형성시킨 후 구리 포일을 제거하는 방법은 일반적인 기계 장비로 제조할 수 있어서 실현 가능성이 가장 높다는 평가를 받고 있으며, 넓은 면적의 그래핀을 반도체 위에 단결정으로 합성하는 방법은 실용화를 앞두고 있다.

결정 전체가 일정한 결정축을 따라 규칙적으로 배열되어 하나의 결정으로 생성된 고체

그래핀의 활용 분야

그래핀은 탄소 원자 1개의 두께로 되어 있는 얇은 막이지만, 그 활용 분야는 무궁무진하다. 그래핀은 매우 강한 성질을 가지고 있으면서도 잘 휘어지며 주름종이와 같이 늘이기도 자유롭기 때문에 그래핀을 잘 응용하면 우리가 무겁게 가지고 다니는 다양한 디지털 기기들을 가볍고 간단하게 접어서 다닐 수 있을 것이다.

또 전기 전도율이 뛰어나 2차 전지나 태양 전지, 대용량 배터리의 제작에도 활용할 수 있어서 머지않아 그래핀을 활용한 다양한 연료 전지를 사용할 수 있게 될 것이다.

| 꿈의 신소재 그래핀 탄소 원자로 이루어진 그래핀은 물리적·화학적 안정성이 높다.

현재 그래핀을 활용한 터치스크린 및 투명한 디스플레이 제품을 만드는 데 성공하였으며, 향후 접어서 사용하는 스마트폰이나 노트북, 전자 종이, 착용식 컴퓨터(wearable computer) 등 다양한 제품을 만들 수 있는 정보 산업 분야의 미래의 신소재로 주목받고 있다.

아하 그럴구나

그래핀의 경쟁자 '실리센(silicene)'은 어떤 소재일까?

사람들이 그래핀에 관심을 가지는 이유는 지금까지 실리콘으로 만든 트랜지스터 등에 사용하던 소재들보다 높은 전자 이동성과 좋은 기계적 특성 등 기대되는 성질 때문이다.

그래핀과 함께 주목받는 물질 중 하나로 실리콘의 2차원 벌집 결정 구조를 갖는 실리센은 기존의 반도체 기술로 처리할 수 있으며, 기존의 전자 장치에 그래핀보다 더 쉽게 사용될 수 있을 것으로 예상된다.

| 실리센의 표면은 그래핀과 다르게 물결 형태이지만 같은 전자적 속성을 지니고 있다.

| 나노 잉크 소재 전도성 잉크, EMI 차폐 도료, 전극 인쇄 공정
↳ 유해 전자파를 차단해 주는 도료
↳ 센서, 전자 종이 등의 전극 제작에 활용되는 인쇄 공정

| 차세대 반도체 초고속 트랜지스터, 차세대 반도체

| 투명 전극 접히는 그래핀 패드, 플렉시블/투명 디스플레이

| 방열 소재 LED 조명, 그래핀 고방열용 필름, PC, 가전 기기, 스마트폰

| 에너지 전극 소재 태양 전지, 2차 전지, 연료 전지

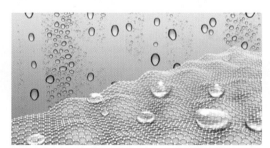

| 배리어 소재 디스플레이, 태양 전지용, 진공 단열재

| 초경량 소재 항공·우주 부품, 자동차 외장재

08 미래 금속

근래에 출시되는 스마트폰들은 다양한 신소재를 적용하여 만들어진다. 가볍고 단단하며, 접을 수도 있고 부드러운 촉감을 가진 새로운 상품들이 하루가 다르게 시장에 선보이고 있다. 신소재를 사용한 제품에 가장 많이 사용되는 금속은 어떻게 변화되어 왔고, 또 어떤 신소재들이 개발되고 있을까?

구리나 철 등의 금속은 여러 가지 도구, 건축 구조물, 산업용 기계와 같이 다양한 분야에 이용되면서 우리의 생활을 빠르게 변화시켰고, 가벼운 금속인 알루미늄이 대량으로 생산되면서 우리의 삶을 더욱 풍족하게 만들어 주었다. 이처럼 금속은 인류 문명의 역사와 함께해 왔으며 앞으로도 다양한 연구를 통해 계속 발전할 것이다.

미래에 우리가 만나게 될 금속은 특정한 모양을 기억하여 변형된 후에 다시 원래의 모양으로 되돌아갈 수 있고, 액체처럼 다양한 모양으로 변형이 가능하며, 원하는 때에는 단단하게 변하며 전기 저항이 없어 공중을 둥둥 떠다니는 등 계속 진화를 거듭하고 있다.

형상 기억 합금

일반적으로 충격을 받아 휘어지거나 찌그러진 금속 안경테나 자동차의 표면을 원래 상태로 바로잡는 것은 쉽지가 않다. 하지만 형상 기억 합금(shape memory alloy) 소재를 사용한 ✎ 하나의 금속에 성질이 다른 둘 이상의 금속이나 비금속을 섞어 녹여 만든 새로운 금속

것이라면 뜨거운 물에 넣거나 드라이어로 따뜻하게 하는 등의 작업만으로도 원래의 모양으로 되돌릴 수 있다. 금속의 경우 변형을 가하면 분자의 배열이 달라져 변형된 모양으로 고정되지만, 형상 기억 합금은 낮은 온도에서 모양이 변형되어도 일정한 온도로 가열하면 이전의 형상으로 되돌릴 수 있다.

✎ 티타늄이라고도 하며, 강철과 같이 단단하면서도 가벼운 금속

1960년대 초 티탄-니켈 합금이 모양을 기억하는 것을 발견한 후, 지금까지 20여 가지가 넘는 합금이 형상 기억 효과가 있는 것으로 확인되었으며, 이 가운데 잘 알려지

| 형상 기억 합금으로 만든 안경테

고 많이 발전된 형상 기억 합금은 구리-아연-알루미늄, 구리-알루미늄-니켈, 티탄-니켈 합금 등이다.

인류 역사상 처음으로 달에 착륙한 아폴로 11호에 사용된 안테나는 티탄과 니켈의 합금으로 만든 것으로, 좁은 공간에서는 접혀 있다가 필요한 시점에 저절로 펼쳐지도록 제작되었는데, 이 일을 계기로 사람들이 형상 기억 합금에 대해 주목하기 시작하였다.

현재 형상 기억 합금은 기계 부품, 의료 기기, 측정 기기, 옷, 차량 등 여러 분야에서 쓰이고 있다. 또 인체에 사용하여도 거부 반응이 적고, 사람이 활동할 때 발생하는 진동을 흡수하는 성질이 있어서 최근 의료 분야에 적용하는 연구가 활발하게 진행되고 있다. 미래에는 인공 근육, 혈관 확장을 위한 그물망 등 의료용 생체 재료와 바이오 분야에 접목하여 천문학적 가치를 지닌 시장을 형성할 것으로 기대된다.

| 아폴로 11호에서 사용한 안테나

지금은 형상 기억 합금이 우리에게 낯선 재료이지만, 대량 생산으로 가격이 저렴해지면 다양한 분야에서 우리의 생활을 편리하게 바꿔 주는 재료로 사용될 것이다.

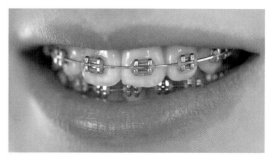

| 의료용 형상 기억 합금

아모르퍼스 금속

철, 티탄보다 강하지만 필요할 때는 플라스틱처럼 부드럽게 변형되는 금속이 있다면 어떨까? 이러한 금속이라면 제품을 만들기가 편리하고 조립이 간편하여 적은 수의 부품으로도 견고하고 이음매 없는 제품을 만들 수 있어 보기 좋고 사용하기도 편리할 것이다. 기술자들은 1960년 캘리포니아 공과 대학에서 발견한 결정을 이루지 않는 금속인 아모르퍼스 금속(amorphous metal, 비결정성 물질: '유리와 금속의 성질을 모두 가지고 있다'는 의미)을 사용하면, 부드러운 상태에서 반죽하듯 제품을 만들고 냉각시켜 강철보다 단단한 상태의 제품을 손쉽게 만들 수 있을 것으로 기대하고 있다.

또한 아모르퍼스 금속은 강철보다 20배 정도 강하고 잘 부식되지 않으며, 자기장에 민감한 성질을 가지고 있어 다양한 분야에서 많은 관심을 끌고 있다.

과학자들의 노력으로 아모르퍼스 금속이 높은 온도에서 보통의 금속으로 되돌아가는 성질을 개선하게 된다면, 자기 부상 열차(magnetic levitation train), 핵융합 장치 분야와 화학 반응 촉매, 수소 저장 장치 등과 같은 최첨단 기술 분야를 개척하는 신소재가 될 것이다.

⌒ 자기력을 이용하여 차량을 선로 위에 띄워서 움직이는 열차

| 초콜릿처럼 흘러내리는 금속

| 영화 '터미네이터 5'에 등장하는 액체 금속으로 만든 로봇

초전도체

전기를 생산하는 발전소는 많은 양의 연료를 태워 열을 내거나 원자력을 이용하기 때문에 사람들에게 유해할 수 있어서 대부분 도시의 외곽에 위치해 있다.

전기는 먼 거리를 이동하여 필요로 하는 곳에 전달되는데, 이때 전선 등의 저항으로 인해 전달 과정 중에 전기 에너지가 손실되기도 한다. 예를 들어 텔레비전을 시청할 때 텔레비전 뒷부분이나 화면에 손을 대어 보면 열이 발생하는 것을 느낄 수 있는데, 이와 같은 열이 바로 저항에 의해 손실되는 에너지이다. 이러한 이유로 많은 사람이 전기 저항을 낮추기 위하여 다양한 연구를 하고 있다. ⌒ 전류의 흐름을 방해하는 요소

1911년 네덜란드의 카메를링 오너스(Heike Kamerlingh Onnes)는 액화된 헬륨의 온도를 측정하기 위해 사용한 수은이 −268.8℃(절대 온도 4.2K) 이하의 극저온 상태로 내려갈 때 수은의 전기 저항이 0이 되는 현상을 발견하였다. 이처럼 물질의 온도가 매우 낮은 상태일 때 ⌒ 기체가 액체로 변하는 현상
전기 저항이 완전히 사라지는 현상을 초전도 현상이라고 하며, 저항이 사라진 물체를 초 ⌒ 물질의 온도가 −240℃ 이하로 매우 낮을 때 전기 저항이 0이 되는 현상
전도체(superconductor)라고 한다. 이처럼 전기 저항이 0이 되면, 저항에 의한 열이 발생하지 않아 전력 손실을 막을 수 있어서 전기 에너지를 효율적으로 사용할 수 있다.

1933년 독일의 마이스너(Walter Meissner)와 오센펠트(Robert Ochsenfeld)는 실험을 통해 초전도 물질이 공중에서 둥둥 떠다니는 마이스너 효과(Meissner Effect)를 발견하였다.

물질이 초전도 상태로 전이되면서 물질의 내부에 침투해 있던 자기장이 외부로 밀려나는 현상

현재 초전도체는 인체를 수술 없이 들여다볼 수 있는 MRI(Magnetic Resonance Imaging, 자기 공명 영상), 효율이 좋은 모터, 발전기 생산 등에 이용하고 있으며, 곧 마이스너 효과

| 마이스너 효과에 의하여 초전도 물질이 공중에 떠 있는 모습

를 이용하여 핵융합 발전기에서 1억℃의 인공 태양인 플라스마를 공중에 띄우는 데 응용될 것이다. 이러한 발전은 인류에게 혁신적인 생활 환경을 가져다줄 것으로 예측된다.

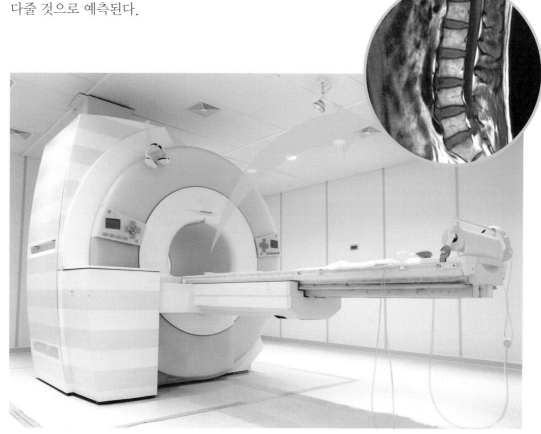

| **초전도체를 사용하여 만든 MRI 장치와 촬영 사진** MRI는 자기장을 발생하는 커다란 원통형 자석 검사대 안에 사람이 들어가면 라디오 주파수에서 발생하는 전자기파를 발생시켜 사람 몸 안의 각 조직에서 나오는 신호의 차이를 측정하여 영상으로 재구성하는 장치이다.

토론 우주 개발이 인류에게 주는 혜택은 무엇일까?

1969년 유인 우주선 아폴로 11호가 인류 최초로 달에 착륙하였다. 그 이후 50년 가까운 세월이 흐른 지금은 달뿐만 아니라 지구 주위의 많은 행성에 인공위성을 쏘아 올리거나 탐사선 등을 보내어 여러 가지 정보를 수집하고 있다.

최근에는 민간 우주 개발 기업인 플래니터리 리소시스(Planetary Resources)가 소행성 채굴에 대한 계획을 밝혔는데, 그 과정은 생각보다 간단하다. 탐사 위성을 소행성으로 보내어 우주 로봇이 채취한 광물 샘플을 지구로 가져와 경제성을 분석한 후, 경제성이 확보되면 본격적으로 광물을 채굴하는 것이다. 지구와 가까운 1,500여 개의 소행성 중 다수가 금, 니켈, 백금 등 값비싼 광물을 보유하고 있는 것으로 분석되었는데, 머지않아 영화 아바타(Avatar, 2009)에서처럼 인간이 광물을 채굴하기 위해 외계 행성을 개발하는 것이 현실이 될 가능성이 커지고 있다.

이 프로젝트에는 구글 최고 경영자(CEO) 래리 페이지와 영화 아바타의 감독 제임스 캐머런이 참여하여 전 세계인의 이목을 집중시켰다. 이 프로젝트는 2003년 일본의 무인 탐사선 '하야부사'가 지구에서 3억 km 떨어진 소행성 '이토카와'에서 흙을 채집하여 귀환하는 데 성공한 것에 비추어 볼 때 기술적으로 실현 가능한 일로 여겨진다.

플래니터리 리소시스는 "새로운 산업을 창출하고 자원에 대한 새로운 환경을 만들어 낼 것이며, 전 세계의 경제에 도움을 주고 인류의 번영을 이끌 것"이라고 밝혔다.

플래니터리 리소시스의 행성 탐사 계획

적합한 소행성을 선별하고 구체적 채굴 계획을 마련한 후 희토류, 백금 등을 채취

| 우주 망원경 아키드(Arkyd) 100을 쏘아 올려 구성 성분, 크기 등 소행성을 분석한다.

1 단계　우주 개발을 통해 인류가 얻을 수 있는 혜택과 개발 과정을 마인드맵으로 그려 보자.

우주 개발

 2 단계　우주를 개발하기에 앞서 고려해야 할 사항과 개발 방법에 대한 자신의 생각을 정리해 보자.

재료를 이용하여 원하는 제품을 만드는 것을 제조라고 합니다. 재료의 특성과 어떤 물건을 만들 것인가에 따라 가공 시간이나 가공 방법이 다르고, 필요에 따라서는 따로 첨가제를 추가할 수도 있 습니다. 또한 제품에 따라 제조에 사용되는 기계나 부품도 종류가 다양합니다.

제2부에서는 도구의 발전 과정을 살펴보고, 제품을 만드는 데 필요한 기본적인 기계 요소와 재료에 따 른 기계의 사용 방법이나 제조 방법에는 어떤 것이 있는지 알아보겠습니다. 그리고 제조의 자동화에 사 용되는 산업용 로봇의 역할과 더 좋은 제품을 만들기 위한 산업 디자인에 대해서도 알아보겠습니다.

제조의 세계

01 도구

    인간을 만물의 영장이라고 하는 이유 중 하나는 직립 보행을 하며, 도구를 사용할 수 있기 때문이다. 하지만 침팬지도 도구를 이용하여 과일을 따 먹고, 수달도 딱딱한 돌로 먹이를 깨뜨려 먹는다. 그렇다면 인간의 도구 사용과는 어떻게 다를까?

    날렵한 몸과 빠른 다리를 가진 치타는 100m를 4초 정도에 달리면서 사냥을 하고, 매는 하늘을 자유롭게 날아다니는 맹금류이며, 아프리카코끼리는 4~6톤이나 되는 커다란 몸집을 가지고 있어 다른 동물이 함부로 공격하지 못한다.

    그에 비해 인간은 몸집이 크거나 빠르지도 않고, 날카로운 이빨도 없으며, 하늘을 날지도 못한다. 그럼에도 인간이 만물의 영장으로 진화할 수 있었던 이유는 무엇일까? 그것은 아마도 인간이 도구를 만들어 사용하고, 그것을 계속적으로 발전시키는 유일한 동물이기 때문일 것이다.

    인류는 오래전부터 손과 발 등 신체를 사용하여 열매를 따고 껍질을 벗기고 짐승을 사냥하며 살았다. 이후 막대기

ThinkGen
도구는 어떻게 발달하였으며, 어떻게 사용되었을까?

에 돌을 묶어 망치로 쓰기도 하고 날카롭게 깨진 돌을 칼처럼 사용하여 사냥을 하거나 높

| 구석기 시대

은 곳에 달린 열매를 따는 등 단순한 형태의 도구를 이용하였다. 이처럼 돌을 크게 변화시키지 않고 사용한 시대를 구석기 시대라고 한다.

이후 농사나 사냥을 위해 돌을 깨뜨리거나 갈아서 농기구나 무기를 만들어 사용하던 신석기 시대를 거치면서 인류가 사용하는 도구는 끊임없이 다양한 종류로 발달하였다.

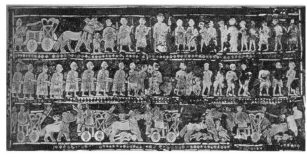
기원전 3500년경 메소포타미아의 수메르 우르 왕조의 왕묘 설계도인 스탠더드에 그려진 수메르의 왕과 병사들 그리고 전차들. 수메르 인들은 바퀴와 수레를 발명하였다.

원리의 발견과 활용

일상생활에 필요한 칼, 도끼, 망치, 창 등 다양한 도구를 만드는 것은 인간의 오랜 습관이자 인류 문명 발전의 원동력이었다. 인간은 살아가면서 집이나 무덤을 만들거나 무거운 돌을 옮기는 등 다양한 작업을 할 때 발생되는 어려움을 해결하기 위해 여러 가지 방법을 고안하였다. 이러한 경험을 통해 개발된 다양한 도구의 대표적인 예로 빗면, 지렛대, 도르래 등이 있다. 이처럼 도구의 원리는 다른 도구나 기계를 개발하는 데 널리 이용된다.

아하 그렇구나

도구의 발달 과정은?
초기 인류 사회는 그 시대에 사용했던 유물을 기준으로 석기 시대(구석기와 신석기로 분류 가능)·청동기 시대·철기 시대 등으로 구분할 수 있다.

구석기 시대	신석기 시대	청동기 시대	철기 시대
뗀석기	간석기	청동 도구	철제 도구
돌을 깨뜨려서 만든 도구	돌 전체를 갈아서 만든 도구	구리에 아연이나 주석을 섞어서 만든 도구	철을 이용하여 만든 도구

빗면 높은 산을 오를 때 곧바로 오르지 않고 돌아서 오르면 힘이 덜 들고, 돌리는 횟수가 많은 병마개를 돌릴 때 순간적으로 힘이 적게 드는 것은 바로 빗면의 원리 때문이다. 이러한 원리는 예전 이집트 피라미드를 건설할 때 흙으로 만든 비탈을 이용하여 큰 돌덩어리를 높은 곳까지 옮기는 작업에도 사용되었을 만큼 유래가 깊다. 우리 주변에서 볼 수 있는 나사 모양의 물건이나 쐐기 등에 대부분 이 원리가 사용된다.

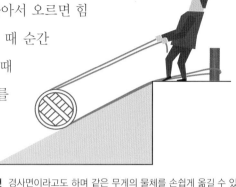

| 빗면 경사면이라고도 하며 같은 무게의 물체를 손쉽게 옮길 수 있는 가장 원시적인 도구 중 하나이다.

나사는 완만하게 휘어 감은 선을 따라 일정하게 돌기를 새겨 넣은 것으로, 나사가 새겨진 부품을 손이나 드라이버 등으로 돌리면 작은 힘만으로도 물체를 결합시키거나 단단하게 고정하고 푸는 것이 가능하다. 쐐기는 물건과 물건 사이의 틈에 박아 넣어 사이를 벌리는 데 쓰는 도구이다. 쐐기는 한쪽 방향으로 가해진 힘이 옆으로 분산되는 것을 이용

| 빗면의 원리를 이용하여 만든 나사는 물체에 구멍을 뚫거나 결합하는 데 사용된다.

한다. 통조림 따개, 지퍼, 도끼, 날카로운 칼 등이 쐐기의 원리를 이용한 도구이다.

| 통조림 따개

| 지퍼

| 도끼

| 칼

지렛대 지렛대는 작은 힘으로 무거운 물체를 들어올릴 때 사용하는 도구로, 우리가 자주 사용하는 가위나 병따개, 핀셋, 손톱깎기 등은 지렛대(지레)의 원리를 이용한 것이다. 지렛대는 힘이 작용하는 위치와 받침대, 작용점의 위치에 따라 쓰임새가 다양하다. 몸무게 차이가 많이 나는 두 사람이 함께 탈 수 있는 시소나 손쉽게 병뚜껑을 열 수 있는 병따개 등도 지렛대의 원리를 이용한 것이다.

| 가위 | 병따개 | 손톱깎이 | 시소 |

도르래 기원전 3000여 년 전부터 사용된 도르래는 원통에 홈을 파고 줄을 걸어 물건을 들어 올리거나 이동시키는 데 사용하는 것으로, 작은 힘으로 무거운 물건을 쉽게 움직일 수 있는 장치이다. 도르래는 예전에는 주로 배의 돛을 펴거나 접을 때, 우물에서 물을 기르는 등의 작업에 사용되었다.

| 도르래의 원리를 이용한 승강기

조선 시대에 세워진 수원 화성은 당시의 건설 기술로는 10년 정도 걸려야 완성할 수 있었지만 ☞호는 다산(茶山). 18세기 실학사상을 집대성한 한국 최대의 실학자이자 개혁가 정약용이 개발한 거중기를 이용하여 2년 만에 완성할 수 있었다. 거중기는 힘의 방향을 바꾸거나 작은 힘으로 큰 힘을 얻을 수 있는 도르래를 사용한 기계로, 여러 개의 도르래를 사용하여 힘과 방향을 조절할 수 있게 만들어졌다.

거중기 1792년 수원 화성을 쌓는 데 이용되었으며 위쪽과 아래쪽에 각각 4개의 도르래가 달려 있다.

☞햇볕을 가려 주는 장치
차양을 올렸다 내렸다 하는 장치, 높은 건물을 오르내릴 때 사용하는 승강기(elevator), 건설 현장의 크레인(crane) 등이 도르레가 사용되는 예이다.

**아하
그렇구나**

아르키메데스는 정말 지구를 들 수 있었을까?

고대 그리스의 아르키메데스는 "나에게 설 땅과 지렛대가 있다면 지구라도 들어 올리겠다."라고 말했다. 이는 그만큼 지렛대가 유용하다는 것과 그 원리를 강조하기 위한 이야기일 것이다.

| 지렛대로 지구를 들어 올리겠다는 아르키메데스

인류와 도구

　도구는 인류가 살아오는 동안 끊임 없이 변화되어 왔는데, 단순해 보이는 망치·칼·톱과 같은 도구도 오랜 기간 동안 발전하여 현재의 모습이 되었다. 돌이나 나무 등의 자연에서 쉽게 얻을 수 있는 재료로 만들기 시작한 도구는 청동과 철을 이용하면서 더욱 강해지고 날카로워졌고, 사람의 손에 알맞게 도구의 무게 중심과 손잡이 등을 만드는 기술도 날로 발전하였다. 이후, 전동기(모터)가 소형화되었고, 압축된 공기를 이용해 버튼을 누르는 것만으로 나사나 못을 박을 수 있는 도구도 등장하였다. 또, 물건이나 물질을 측정하는 데 쓰이는 자, 저울 등의 발전과 표준화를 통해 우리의 생활이 더욱 편리해지게 되었다.

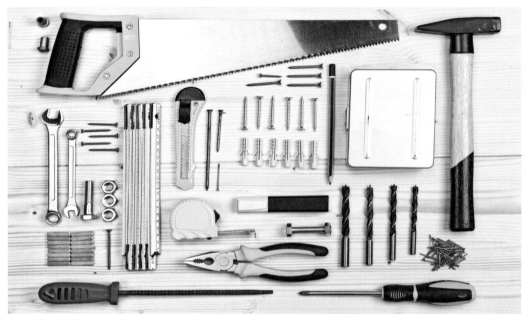

| 일상생활에서 사용하는 다양한 도구들

아하
그렇구나

무선 전동 공구가 개발된 배경은?

미국 항공 우주국(NASA)은 우주에서 여러 가지 임무를 수행하는 데 필요한 다양한 물건을 개발하였는데, 무선 전동 공구도 그 중 하나이다. 무선 전동 공구는 우주비행사가 무중력 상태에서 우주선을 고치거나 연구에 사용하기 편리하도록 제작된 도구이다. 무선 공구의 개발로 손과 팔의 힘으로 어렵게 작동시켜야 했던 도구들이 이제는 버튼 한번 누르는 것만으로도 쉽게 사용할 수 있게 되었다. 더 나아가 공구 제조 회사에서는 전기나 사람의 힘 대신 배터리로 작동하는 다양한 공구들도 개발하였다.

| 무선 전동 드릴

02 기계 요소

시계, 휴대전화, 망치, 체중계 등과 같은 물건은 우리가 자주 사용하는 도구이다. 이렇듯 우리는 사람이 편리하게 사용하는 것을 통틀어 도구라고 부른다. 그러나 엄밀하게 말하면 이 중에 망치를 제외한 다른 것들은 장치나 기기로 분류하는 것이 옳다. 기계 분야에서 장치와 도구, 기계를 분류하는 기준은 무엇일까?

1875년 독일의 F. 루르는 '여러 물체가 조합하여 서로 일정한 운동을 하면서 공급된 에너지를 효과적인 일로 바꾸는 것'을 기계라고 하였다.

기계가 본격적으로 사용되기 시작한 것은 중세 유럽에서 흐르는 물의 힘으로 수차를 돌려 곡식을 가루로 빻는 제분기를 사용하면서부터이다. 사람들은 더 효과적인 제분기를 만들고자 다양한 연구를 통하여 기계의 각 부분을 개선하기 시작하였다. 수차의 효율을 높이기 위해 수차 날개에 물받이가 덧붙여지고, 축을 받치는 부분도 개선되었다. 또한 수차가 회전하여 생긴 힘이 곡식을 빻는 절구로 전달하는 방법을 연

| 중세 유럽의 곡식을 빻는 제분기

구하여 다양한 기어(gear)가 개발되었다. 이처럼 기계를 구성하는 부품과 기계는 우리의
└ 둘 이상의 축 사이에 회전이나 동력을 전달하는 장치
생활에 도움을 줄 수 있도록 다양한 형태로 끊임없이 연구·개선되었다.

도구와 장치의 차이는 무엇일까?

도구 톱, 망치, 드라이버 등은 몇 개의 요소들로 구성되어 있지만, 각 요소가 서로 연관된 움직임이 없기 때문에 기계보다는 도구로 보아야 한다.

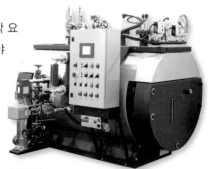

장치 화석 에너지를 열 에너지로 바꾸어 물을 끓이는 보일러는 다양한 요소로 이루어져 있지만, 움직임이 없기 때문에 기계보다는 장치로 보아야 한다.

| 보일러

다양한 기계 요소

　기계는 보통 다양한 부품들로 구성되는데, 기계에 공통으로 들어가는 기본 부품을 기계 요소라고 한다. 기계 요소는 사용 목적에 따라 전동용, 관용, 결합용, 축용 등으로 나눌 수 있으며, 국제적으로 표준화되어 있다.

전동용 기계 요소　움직이는 힘을 전달하는 데 쓰이는 기계 요소로, 마찰이나 톱니의 맞물림에 의해 힘을 전달한다. 전동용 기계 요소는 축을 원활하게 회전할 수 있도록 받쳐 주는 베어링이나 동력을 전달하거나 차단하는 클러치 등과 함께 쓰인다.

| 벨트와 벨트 풀리　　　| 체인과 스프로킷　　　| 링크

| 캠　　　| 마찰차　　　| 기어

관용 기계 요소　기름·물과 같은 액체나 천연 가스를 수송할 때 사용하는 기계 요소로, 모양에 따라 관, 관 이음, 밸브 등이 있다.

　🔍 배기 물질과 같은 기체

| 관　　　| 관 이음　　　| 밸브

결합용 기계 요소 하나의 기계를 구성하기 위해서는 다양한 기계 요소가 결합되어야 하는데, 이러한 기계 요소들을 결합하는 데 사용하는 기계 요소가 결합용 기계 요소이다.

| 볼트와 너트 | 리벳 | 핀

| 나사 | 키

축용 기계 요소 기계가 회전하려면 회전을 지탱하는 축이 있어야 한다. 축에는 고정된 상태에서 바퀴만 지탱하는 차축, 바퀴와 함께 고정되어 동력을 전달하는

| 크랭크축

| 베어링

전동축, 운동의 형태를 변화시키는 크랭크축 등이 있다.

기타 기계 요소 달리는 자동차가 도로의 돌이나 웅덩이에 걸리면 차체가 흔들리게 되는데, 이때 자동차는 스프링 (spring)의 탄성을 이용하여 충격을 줄일 수 있다. 이러한 것

| 스프링

| 브레이크

을 완충용 기계 요소라고 한다. 또 자동차를 정지시키거나 속도를 줄이기 위해 사용하는 브레이크와 같이 마찰력이나 전기 에너지 등을 이용하는 기계 요소를 제동용 기계 요소라고 한다.

| **볼트와 너트** 물체를 연결할 때 수나사가 새겨진 볼트를 구멍에 넣고 암나사가 새겨진 너트로 조여 고정시킨다.

| **핀** 두 부품의 구멍이나 홈에 통과시켜 고정하거나 결합시키는 데 사용한다.

| **축** 바퀴를 지탱하는 역할을 하며, 고정되어 있는 차축과 움직이는 힘을 전달하는 전동축 등이 있다.

| **베어링** 기계가 움직일 때 서로 맞닿는 부분 사이의 마찰을 줄여주고, 축을 회전시키는 역할을 한다.

각종 기구나 설비를 제작하는 데는 다양한 기계 요소들이 사용된다. 이들 기계 요소를 이용하여 물건들을 조립하고, 사람이나 물건을 이동시키고, 일정한 움직임을 만들어 낼 수 있다.

기계 요소를 활용한 기구와 설비

| **벨트, 벨트 풀리** 벨트는 동력을 전달하거나 물건을 이동시키고, 벨트 풀리는 벨트를 걸기 위하여 축에 부착하는 바퀴이다.

| **브레이크** 빠르게 움직이는 기계를 멈추는 데 사용되며, 대부분 마찰력을 이용하지만 특수한 경우 전기나 자석의 반발력을 사용하기도 한다.

| **밸브** 기름이나 물, 천연 가스 등의 양이나 압력 등을 조절한다.

| **관/관 이음** 관은 기름이나 물, 천연 가스 등을 운반하는 데 사용하며, 관 이음은 흐름의 방향을 바꾸거나 서로 다른 방향으로 흐르게 할 때 관과 관 사이를 잇는 기계 요소이다.

03 금속 제조와 공작 기계

철, 구리, 알루미늄 등의 금속이 제품 재료로 사용되는 이유 중 하나는 강도가 뛰어나기 때문이다. 하지만 단단한 재료를 가공하여 제품을 제작하는 것은 쉬운 일이 아니다. 그럼에도 사람들은 지속적으로 기술을 발달시키며 금속을 사용해 왔다. 제품을 만들기 위하여 금속을 다루는 기술에는 어떤 것이 있을까?

금속 제품을 제조하기 위한 방법에는 금속을 두드리는 방법, 커다란 롤러로 누르거나 큰 힘으로 구멍을 통과시키는 방법, 열을 가한 후 틀에 붓는 방법 등이 있다.

소성 가공

큰 힘을 가하여 금속의 모양을 변형하는 방법을 소성 가공이라고 하는데, 단조, 압연, 압출, 인발 등의 종류가 있다.

🖉 힘을 가하여 금속이 변형된 후 원래대로 돌아가지 않는 성질

단조 일반적으로 금속을 두들겨 물건의 모양을 만들어 내는 것을 단조(鍛造)라고 하는데, 옛날을 배경으로 하는 영화나 드라마를 보면 대장간에서 이 방법을 사용하여 농기구나 칼, 창과 같은 무기를 만드는 장면을 종종 볼 수 있다. 금속은 힘을 받으면 넓게 퍼지는 전

| 현대의 단조 작업은 주로 기계를 이용하여 이루어진다.

성과 가늘고 길게 늘어나는 연성을 가지고 있어서 망치와 모루, 단조 기계로 큰 힘을 가하
면 원하는 형태로 변형이 가능하다. 이때 금속을 가열하거나 식히는 방법으로 해당 금속
의 성질을 조절할 수 있는데 이러한 방법에는 담금질, 불림, 풀림 등이 있다.

단조 작업 시 금속 재료를 올려 놓는 받침

금속 재료를 적당한 온도로 가열한 후 상온까지 서서히 식히는 방법

금속 재료 내부의 변화를 막기 위하여 급속히 냉각시키는 방법

금속 재료의 결정 구조를 안정화하기 위하여 가열 후 공기 중에서 서서히 식히는 방법

압연 가열한 금속을 롤러 사이로 밀어 넣어 여러 가지 모양의 판, 봉, 관 등을 만들 때 사
용하는 가공법이다.

압출 봉이나 관을 만들기 위해 일정한 모양으로 만들어진 구멍에 금속 덩어리를 강력한
압력으로 밀어내는 가공법이다.

인발 봉이나 관 모양의 금속을 단면적이 더 작은 구멍으로 통과시켜 자른 면이 그 구멍
과 같으면서 길이가 긴 제품을 만들어 내는 가공법이다.

| 열을 가한 상태에서 압연을 하는 모습

| 제철소에서 압연 과정을 통해 판 모양으로 가공하는 모습

질문이요 금속은 딱딱해서 일정한 틀에 밀어 넣어 가공하거나 두들겨 만드는 단조로 제품을 생산하는
것이 어려울 것 같은데, 이와 같은 소성 가공을 이용하는 이유는 무엇일까?

유리나 나무는 큰 힘을 받으면 깨지지만, 금속은 전성과 연성의 성질을 가지고 있으므로
압연이나 압출과 같은 다양한 가공법으로 원하는 제품을 생산할 수 있다. 특히 금속 중에
서도 금, 은, 알루미늄, 구리는 전성과 연성의 성질이 큰 금속이다. 소성 가공으로 생산한
금속 제품은 두드리거나 압력을 가할 때 금속 결정 조직이 더 단단해지므로 절삭이나 주조
로 생산된 제품에 비해 강도가 좋다.

금속 재료를 원하는 모양으로 깎는 작업

주조

주조는 철이나 알루미늄 합금, 구리, 황동 등과 같은 금속을 녹는점 이상으로 가열하여 액체로 만든 후 거푸집에 부어 굳히는 가공법으로, 청동기 시대부터 사용된 금속 제품 제작 방법이다.

이 방법은 금속을 녹여 액체로 만들어 사용하기 때문에 복잡한 모양의 물건도 한 번에 성형할 수 있으며, 한 번 제작한 틀로 같은 형태의 제품을 계속해서 생산할 수 있다. 이러한 장점으로 자동차의 엔진과 같은 복잡한 제품을 제작할 때 주로 사용한다.

| 주조를 이용하여 만든 엔진 블록
실린더를 포함하는 ✐
엔진의 기본 본체

ThinkGen
가열한 액체 상태의 금속 재료를 특정 틀에 부었을 때 틀이 녹지 않는 이유는 무엇일까?

공작 기계

금속은 단단하기 때문에 사람의 손으로 일일이 깎아내거나 구멍을 뚫거나 갈아내기가 쉽지 않아서 금속 제품을 제작하거나 기계 부품을 가공할 때는 공작 기계를 사용한다. 공작 기계에는 금속을 자르거나 깎는 절삭 기계와 금속의 소성을 이용하여 금속의 형태만 변형시키는 성형 기계가 있다.

대표적인 절삭 기계로는 공작물의 회전과 공구의 직선 운동에 의하여 절삭하는 선반, 공작물에 구멍을 뚫는 드릴링 머신, 공작물의 표면 등을 깎아서 가공하는 밀링 머신 등이 있다. 또 성형 기계로는 힘을 가하는 프레스, 금속을 자르는 절단기 등이 있다. 최근에는 전기나 레이저를 사용하여 금속을 가공하는 경우도 있지만, 대량으로 제품을 생산하기에는 시간이 많이 걸리고 비용이 많이 든다.

| 금속 제품을 가공 중인 밀링 머신

| 절삭 기계를 이용하여 가공하다 보면 쇳가루나 쇠 부스러기들이 발생하는데 이것을 칩(chip)이라고 한다.

컴퓨터를 이용한 금속 제품의 생산

사람의 손으로 일일이 공작 기계를 작동하여 정밀 부품을 대량으로 생산하는 것은 어려운 일이다. 이러한 문제점을 해결하기 위해 공작 기계에 컴퓨터 프로세서를 내장하여 정확한 수치로 제어하는 CNC(Computerized Numerical Control, 컴퓨터 수치 제어)를 많이 사용한다. CNC는 작업을 할 때 다양한 경로로 움직일 수 있도록 설계되어 있어서 아주 작은 오차 범위 안에서 기계를 제어할 수 있다. 이처럼 컴퓨터를 이용한 제품의 설계 및 설계 관련 작업은 CAD(Computer Aided Design, 컴퓨터 보조 설계)를 활용하여 디자인(설계)하고, 설계한 내용은 공작 기계의

| 컴퓨터를 이용한 기계 가공

CAM(Computer Aided Manufacturing, 컴퓨터 보조 생산)을 통해 작업 동작 과정(작업 관리, 가공, 조립, 검사 등)이 컴퓨터로 관리됨으로써 보다 빠른 작업 속도로 정밀한 제품을 생산할 수 있다. 또 3차원 CAD/CAM 시스템을 이용하면 모니터 화면으로 3차원 입체 형상을 재현해 볼 수 있을 뿐만 아니라 제품의 표면적, 부피, 무게, 강도 등의 물리적 성질을 계산하여 최적의 형태로 설계할 수도 있다.

설계/디자인

CAD 컴퓨터를 이용하여 제품을 설계한다.

제조

CAM CAD로 설계한 제품을 컴퓨터를 이용하여 제조한다.

제어

CNC 공작 기계에 의한 가공을 컴퓨터를 이용하여 정확하게 제어한다.

아하 그렇구나

집에서 사용하는 냄비나 수저와 같은 조리 기구는 두드려서 만들까? 깎아서 만들까?

일반적으로 금속 재료로 만든 조리 기구는 단단한 형틀에 금속 재료를 눌러서 생산하는 프레스 공정이나 자동화된 틀에 녹인 금속을 넣어 틀과 똑같은 모양의 제품을 생산하는 다이캐스팅(die casting, 다이 주조) 방식으로 생산되고 있다.

04 플라스틱 제조와 3D 프린터

플라스틱을 재료로 사용하는 이유는 원료의 가격이 저렴하고 생산 방법이 대량 생산에 적합하여 다양한 제품의 원료로 사용될 수 있기 때문이다. 우리 주변에서 볼 수 있는 플라스틱으로 만든 제품은 어떤 가공법을 이용했을까?

| 플라스틱 재료

플라스틱은 열과 압력을 가하여 원하는 모양을 만들 수 있는 물질로, 합성수지라고 한다. 플라스틱 원료는 대부분 석유에서 추출되는데, 제작하는 제품에 따라 종류와 만드는 방법이 다양하다.

플라스틱으로 만든 제품은 가볍고 전기가 통하지 않으면서 단열성이 좋고, 썩거나 침식될 걱정이 없다. 게다가 플라스틱 제품을 만드는 방법이 자동화되어 손쉽게 생산이 가능하므로 대량 생산이 쉽고 제작 비용이 적게 든다. 플라스틱의 종류는 매우 다양하지만, 열에 대한 성질에 따라 크게 열가소성 플라스틱과 열경화성 플라스틱으로 분류할 수 있다.

| **열가소성 플라스틱(혹은 열가소성 수지)** 열을 가하면 물러져 변형 가능한 상태가 되고, 이를 냉각시키면 고체 상태가 된다. 고체 상태에서 또 다시 열을 가하면 새롭게 변형할 수 있다. 종류에는 나일론 수지, 아크릴 수지, 폴리염화비닐 수지, 폴리에틸렌 수지 등이 있다.

| **열경화성 플라스틱(혹은 열경화성 수지)** 일정한 열을 계속 가열하면 굳어져서 더 이상의 변형이 어려운 상태가 된다. 종류에는 페놀 수지, 에폭시 수지, 멜라민 수지 등이 있다.

플라스틱 성형 가공법

플라스틱은 성질이나 제품의 종류에 따라 성형 가공법이 달라지는데 압축 성형, 사출 성형, 압출 성형, 블로우 성형 등이 있다.

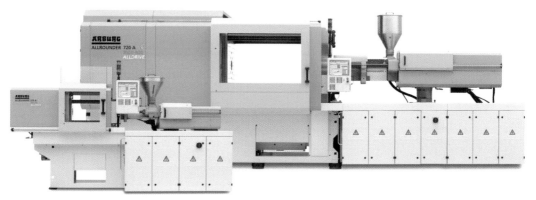

| 플라스틱 제품을 만드는 사출 기계

압축 성형 열경화성 플라스틱에 많이 사용하는 방법이다. 재료를 예열하여 모형 틀 사이에 넣고 금형을 천천히 닫으면서 압력을 가하여 제품을 생산하는 가공법이다. 그릇이나 화분처럼 플라스틱 합성수지와 유리 섬유, 탄소 섬유 등으로 강화시킨 제품을 만드는 데 사용한다.

↳ 미리 열을 가하거나 덥히는 것

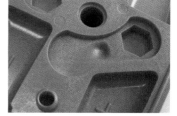

| 플라스틱 압축 성형 제품

사출 성형 열가소성 플라스틱의 가공법이다. 주사기 모양의 사출 성형기에 녹인 플라스틱 원료를 넣고, 압력을 가하여 금형 안쪽의 형틀에 플라스틱을 채우는 방식으로 제품을 만든다.

↳ 모양이 있는 틀

| 사출 성형에 이용되는 틀

압출 성형 특정 형틀 모양에 적당히 녹인 플라스틱 원료를 높은 압력으로 눌러서 제품을 뽑아내는 가공법이다. 대개 봉 또는 관 모양이나 판자의 형태처럼 같은 모습의 단면을 가진 제품을 연속적으로 만드는 데 사용한다.

| 여러 가지 압출 성형 제품

블로우 성형 플라스틱 병을 제작할 때 많이 사용하는 가공법으로, 입으로 풍선을 부는 것과 비슷한 원리이다. 우선 압출 성형으로 속이 빈 플라스틱 원형 기둥인 패리슨을 만든다. 블로우 성형 틀에 패리슨을 넣고 공기를 불어넣으면 튜브가 마치 풍선처럼 부풀어 형틀과 같은 모양으로 만들어진다. 부풀어져 얇아진 플라스틱은 형틀 안에서 순환하는 냉매에 의해 빠르게 식고 제품으로 생산된다.

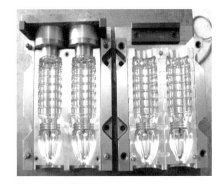
| 블로우 성형에 이용되는 틀

플라스틱 첨가제

　플라스틱 첨가제는 플라스틱의 가공을 편리하게 하고 제품의 성능을 좋게 만들기 위해 첨가하는 화학 물질로, 플라스틱의 단점을 보완하고 특성을 살리기 위한 보조 재료이다.

| 플라스틱 첨가제

　플라스틱 첨가제의 종류에는 가소제, 산화 방지제, 활제, 안정제, 난연제 등이 있는데 우리 주변에서 볼 수 있는 플라스틱 제품들의 색상과 질감, 강도 등은 어떤 첨가제를 사용하는가에 따라 달라진다.

질문이요 플라스틱 첨가제의 종류와 역할은 무엇일까?

- **가소제:** 플라스틱을 유연하게 만들고 팽창력을 증가시킨다.
- **산화 방지제:** 플라스틱과 산소와의 화학적 반응을 줄이거나 차단시켜 플라스틱이 분해되는 것을 방지해 준다.
- **활제:** 가공 또는 성형, 압출 시 플라스틱과 제작 기계 표면 사이의 흐름을 부드럽게 하여 제품이 틀에서 잘 떨어지게 해준다.
- **안정제:** 고온에서 잘 견디도록 해 주는 열 안정제와 자외선으로부터 분해되는 것을 막아 주는 자외선 안정제가 있다.
- **난연제:** 플라스틱이 열에 의해 쉽게 타지 않도록 개선해 준다.

3D 프린터

3D 프린터는 컴퓨터와 연결된 모니터 화면에 보이는 글자나 이미지 등을 프린터를 통해 종이에 인쇄하듯이, 3차원으로 설계한 도면을 입력하면 손으로 만질 수 있는 입체형 물체로 만들어 주는 장치이다. 3D 프린터의 원리는 잉크 대신 합성수지나 얇은 실 분말 등 여러 가지 소재를 사용하여 적층 방식, 즉 출력물을 한 층 한 층 쌓아 입체적인 구조물을 출력하는 것으로, 현재는 플라스

3D 프린터로 모형을 제작하는 모습 3D 프린터는 사용하는 재료에 따라 고체형(FDM), 액체형(SLA), 파우더형(SLS) 방식으로 나눌 수 있다.

틱 실을 녹여 사용하는 FDM(Fused Deposition Modeling) 방식을 많이 사용하고 있다.

FDM 방식은 플라스틱 필라멘트(filament) 실을 녹인 후 노즐로 얇은 실을 만들어 층층이 쌓는 것으로, 다른 방식에 비해 장치의 가격과 유지 비용이 저렴하여 국내의 보급형 3D 프린터는 대부분 이 방식을 사용한다. 이때 필라멘트에 함유된 색소에 따라 다양한 색의 표현도 가능하다. 3D 프린터는 이미 항공사와 자동차 회사 등에서 견본 제품을 만드는 데 많이 사용하고 있으며, 실제 부품이나 제품의 생산에도 활용하고 있다.

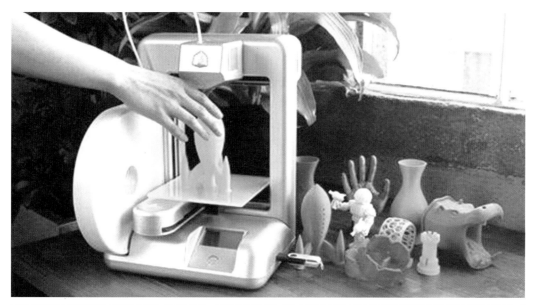

3D 프린터를 이용하여 제작한 제품들 3D 프린터는 신발이나 장난감 같은 상품의 설계도를 이용하여 3차원의 입체적 물체를 만들어 내는 기계로, 현재 건축, 자동차, 항공 우주, 전자, 공구 제조, 디자인, 의료 등 다양한 분야에서 사용되고 있다.

3D 프린터로 가정에서 제품을 만들어 사용한다?

한국지질자원연구원은 3D 프린터를 활용하여 몽골에서 발견된 갑옷 공룡의 머리뼈 화석을 복제하였고, 미국 프린스턴대학 연구진은 소의 세포를 혼합한 젤을 이용하여 3D 프린터로 인공 귀를 만드는 데 성공하였다. 실제 귀와 비슷한 인공 귀는 세포가 증식하면서 피부와 같은 색으로 자란다. 또한 중국의 한 기업에서는 세계 최초로 3D 프린터를 이용하여 5층짜리 아파트와 고급 빌라의 시공에 성공하였으며, 아랍 에미리

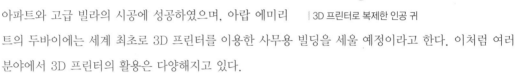

3D 프린터로 복제한 인공 귀

트의 두바이에는 세계 최초로 3D 프린터를 이용한 사무용 빌딩을 세울 예정이라고 한다. 이처럼 여러 분야에서 3D 프린터의 활용은 다양해지고 있다.

앞으로 개인의 3D 프린터 활용이 늘어나게 될 경우, 소비 환경에도 큰 변화가 생길 것으로 예측되고 있다. 지금과 같이 원하는 상품을 인터넷에서 주문한 후, 택배와 같은 배송을 통해 원하는 장소에서 물건을 받는 형태의 소비에서, 미래에는 온라인 상에서 내려받은 제품의 설계도를 이용하여 직접 3D 프린터로 제작해서 사용하는 형태의 소비로 변화할 것이다.

이처럼 3D 프린터의 발전과 함께 보급이 확산되면, 소비자들은 시간과 공간의 제약을 받지 않으면서 저렴한 가격에 원하는 물건을 직접 생산하여 사용하게 될 것이다. 또한 3D 프린터로 만든 맞춤형 아파트나 건축물에서 생활하는 시대도 올 것으로 예측된다.

| 세계 최초로 3D 프린터를 이용하여 건설할 예정인 건축물

05 공장 생산

연우는 얼마 전 LED TV를 생산하는 공장을 방문하였는데, 직접 기계를 만지고 부품을 조립하는 사람은 찾아볼 수 없었고 대부분 자동으로 돌아가는 기계 앞의 모니터를 보면서 일하고 있었다. 공장은 언제부터 이렇게 변화한 것일까?

원시 시대 사람들은 맨손으로 많은 일을 하였으나 시간이 흐르면서 점차 자연스럽게 돌이나 나무 막대와 같은 자연물을 이용해 도구를 만들어 사용하였다. 점차 많은 종류의 도구가 발명되고 불을 다루는 기술이 발달하면서 금속을 사용하게 되었다. 이후 인류는 금속으로 도구를 만들어 쓰던 청동기 시대와 철기 시대를 거치면서 사람의 힘과 함께 가축, 자연의 힘을 사용하게 되었고, 기계와 화석 연료를 태워 동력을 만드는 증기기관을 발명하기에 이르렀다. 현대에는 전기 에너지를 이용한 자동화 기계와 컴퓨터를 활용하여 제품을 생산하고 있다.

공장이 발달하지 않았던 시대에는 필요한 옷이나 식품, 도구와 같은 물건 대부분을 스스로 집에서 만들어 해결하였다. 때로는 집에서 만든 물건을 다른 사람이 만든 물건과 필요에 의해 서로 물물교환하거나 몇몇 기술 좋은 사람들의 물건을 구매하여 사용하였다. 이후 사회 경제가 발달하면서 서로 다른 곳에서 물건을 만들던 사람들이 한 곳

| 옷감을 생산하는 공장

의 큰 작업장에 모여서 일하기 시작했는데, 이곳이 바로 공장이다. 여러 사람이 역할을 나누어 효율적으로 일하면서 물건을 만드는 공장제 수공업이 발달하기 시작한 것이다. 또한 재료 준비부터 제품 완성까지 모든 과정을 혼자 다루던 생산자들은 제품의 생산 공정을 여럿이 나누어 작업하면서 각각 특정 작업만을 담당하게 되었으며, 각 생산 기술은 부분으로 나뉘어 전문화되었다. 이런 변화와 함께 많은 자본을 가지고 공구와 공장, 원료 등을 공급하는 자본가와 기술자, 완성품 판매자 등으로 역할이 다양하게 분화하기 시작했다.

산업 혁명

산업 혁명과 함께 생산 기술과 방법에도 큰 변화가 일어났는데, 산업 혁명 이전에는 장인의 손으로 제작·생산되던 제품이 기계에서 생산되기 시작한 것이다. 이에 따라 기존에 제품을 만들던 사람들은 물건을 조립하거나 기계를 다루는 일을 하게 되었고, 이러한 변화로 제품을 만드는 기술보다 기계를 다루는 능력이 중요하게 되었다.

또한 그때까지 생산량이 많지 않았던 철 제품이 주물이나 기계로 가공되기 시작하면서 흙과 나무 등이 차지하던 생활용품이나 건축물의 재료를 대체하여 사용되기 시작하였다.

당시 소규모로 이루어지던 생산 방식은 산업 혁명을 거치면서 증기 기관과 방적기, 방직기 등의 기계를 이용하여 공장에서 물건을 대량으로 생산하는 기계 공업의 형태로 변

실을 뽑아내는 기계 ♪

⬿ 실이나 섬유를 이용하여 천을 짜는 기계

화하였다. 특히, 영국은 면제품의 대량 생산과 상업을 통한 자본의 축적, 풍부한 노동력과 자원, 식민지 시장의 확보와 함께 '세계의 공장'으로 이러한 변화를 이끌었다. 이와 같이 기계와 기관의 동력을 이용하는 방식은 제품 생산 분야에서 시작하여 기계 공업, 광업, 수송 분야로 확대되었고, 생산량을 증대시키기 위해 공장, 기계, 동력을 효과적으로 운영하기 위한 다양한 연구가 시작되었다.

| 산업 혁명 시대의 공장

공장 자동화

♪ 제어 대상의 위치·온도·각도·압력·속도 등을 검출할 수 있는 기기

현대의 자동화된 공장은 컴퓨터와 센서가 달린 산업용 로봇을 사용하며, 생산용 로봇의 위치와 작업 순서가 컴퓨터 프로그램에 따라 다양한 제품을 생산할 수 있도록 하는 유연한 생산 시스템으로 운영되고 있다. 또한 하나의 생산 시설에서 여러 종류의 제품을 필요에 따라 소량으로 생산하는 다품종 소량 생산이 발달하였다.

최근에는 공장 자동화를 위한 컴퓨터와 로봇 기술이 더욱 발달하여 생산 공정과 관리를 컴퓨터와 로봇이 처리하는 무인화 공장이 등장하였다.

미래의 공장은 디지털화, 컴퓨터 네트워크, *유비쿼터스, 센서 네트워크, 인공 지능 등과 같은 정보 통신 기술을 기반으로 하는 기술의 융합을 통해 소비자의 요구를 더욱 빠르게 반영하여 생산하는 형태가 될 것이다.

| 무인 이동 시스템 AGV(Automated Guided Vehicle)

| 산업용 로봇을 이용한 자동차 생산 과정

아하
그렇구나

✎ 원료로부터 특정 제품이 나오기까지 여러 작업을 연속해서 작업하는 방식

일관 작업 방식이란?

하나의 제품을 완성하는 작업 방식에는 제품 제작의 전 과정을 한 사람이 담당하여 완성하는 단위 작업 방식과 컨베이어 벨트 등을 이용하여 작업을 각 공정으로 나누어 여러 사람이 제품을 완성하는 일관 작업 방식이 있다. 이 중 일관 작업 방식은 작업자가 각각 맡은 일만 하면 되므로 숙련되지 않은 사람도 단기

| 일관 작업 방식의 생산 라인

간의 교육을 받으면 현장에 바로 투입되어 작업을 할 수 있고, 또 단순·반복 작업이 대부분이므로 불량률을 낮출 수 있다. 이 방식은 수많은 부품이 사용되는 자동차, 가전제품, 컴퓨터 등의 대량 생산 체제에서 생산이 획기적으로 증가하는 데 큰 역할을 하였다.

---

*

유비쿼터스(ubiquitous) 사용자가 시간과 장소, 컴퓨터나 네트워크 등의 환경에 구애받지 않고 자유롭게 네트워크에 접속할 수 있는 정보 기술 환경이다.

포드의 대량 생산 시스템

자동차 한 대의 조립 시간을 5시간 50분에서 1시간 33분으로 단축하기까지

1903년에 자동차 회사를 설립한 포드는 대량 생산을 실현하고자 생산 방식을 개선하는 연구를 계속하였다.

우선 제품 공정을 단순화하기 위해 생산 모델을 *T형 자동차로 한정하여 부품의 규격을 일정하게 함으로써 부품의 대량 생산을 가능하게 했으며, 규격화된 부품을 사용하기 편리하도록 기계 및 공구를 개발하였다. 또한 제품을 만드는 데 필요한 작업을 단순 작업으로 나누어 각 작업에 걸리는 시간을 같게 조절하였다.

| 조립 라인을 탑재하는 크레인

포드는 재료나 공구를 사용할 때 허비되는 시간을 줄이기 위해 이동하면서 생산하는 종합 장치인 베이(bay)를 사용하여 작업자가 움직이거나 허리를 굽히지 않고 일을 할 수 있도록 작업 환경을 만들었는데, 이것이 최초의 *컨베이어 시스템(conveyor system)'이다. 즉 작업자와 공구, 기계를 작업 순서에 맞춰 배열시키고 자동차를 제작하기 위한 물건을 *컨베이어에 실어 운반하여 생산 시간을 단축하였다.

| 컨베이어 시스템

하지만 컨베이어 시스템의 도입에 대해 인간을 기계의 움직임에 맞춰 단순 작업만 하게 하는 기계의 일부로 만들었다는 일부 사람들의 비난도 있었다.

---

*
T형 자동차 1908년~1927년까지 대량 생산 방식으로 제조 · 판매한 자동차 모델이다.
컨베이어 시스템(conveyor system) 생산 관리 시스템에서 작업 대상물을 컨베이어에 싣고 차례대로 일련의 작업을 완성하는 방법이다.
컨베이어 재료나 공구를 일정 간격을 두고 자동으로 연속 운반하는 장치이다.

스마트 팩토리

정보 통신 기술(ICT; Information and Communication Technology)과 제조업을 융합시킨 것으로, 네트워크로 연결된 생산의 각 과정이 상호 정보를 교환하면서 자동 제어 생산, 생산 과정 조절, 공장 안전 유지 등을 하는 지능형 시스템을 뜻한다. 최근에는 기존의 시스템에 *클라우드 서비스, *빅데이터 등을 활용하여 소비자의 요구와 공장의 생산을 유연하게 조절하고 있다.

| **사물 인터넷** 무선 통신을 활용하여 제품, 장비, 제어 시스템 간에 실시간으로 정보를 교환한다.

| **빅데이터** 실시간 상황과 방대한 양의 데이터를 분석하여 공정을 조절한다.

| **증강 현실** 현실로 보이는 물체에 가상의 세계를 겹쳐서 보여준다.

| **자동화 설비** 지능화된 자동화 설비로 표준화되고 숙련된 노동자의 작업까지 담당한다.

---
*

클라우드 서비스(cloud service) 사용자의 각종 데이터(문자, 이미지, 동영상 등)를 자신의 PC나 휴대전화가 아닌 인터넷상의 서버에 저장해 두고, 필요할 때마다 인터넷에 접속하여 해당 서버에서 꺼내어 사용할 수 있는 서비스를 뜻한다.

빅데이터(big data) 디지털 환경에서 생성되는 다양한 데이터로, 방대한 규모, 짧은 생성 주기 등의 특징이 있으며 수치 데이터를 비롯하여 문자와 영상 데이터를 포함한다.

06 산업용 로봇

　최근 다양한 로봇들이 소개되면서 세상의 이목을 집중시키고 있다. 이 로봇들은 치타처럼 빠르거나, 노새처럼 힘이 세거나, 사람의 말벗이 되어주는 등 다양한 기능을 갖추고 있다. 그런데 이런 로봇들이 등장하기 이전부터 이미 공장에서는 산업용 로봇이 인간이 해야 하는 일의 많은 부분을 대신하고 있었다. 로봇의 발달이 인간에게 끼치는 영향은 무엇일까?

　현재 *로봇은 산업 현장과 의료 장비 그리고 최근에는 가정에서도 활용되고 있다. 그 중 로봇이 가장 널리 사용되는 분야는 산업 현장의 산업용 로봇이다. 자동화된 로봇이 물건 조립이나 용접, 검사·측정, 물건의 이동 등 사람이 하던 일을 대신하고, 사람은 스크린이나 모니터를 통해 로봇의 움직임을 조작하거나 프로그램을 통해 로봇의 움직임을 제어한다.

| 영화 '바이센테니얼 맨'의 한 장면 영화 속 주인공 앤드류는 모든 집안일을 해결할 수 있는 최첨단 가사 도우미 로봇이다.

　최초의 산업용 로봇은 1961년 미국 유니메이션 사의 조셉 엥겔버거(Joseph F. Engelberger) 박사가 개발한 공장용 팔 로봇인 유니메이트(Unimate)로, 포드 자동차에서 무거운 물건을 운반하는 데 사용하였다. 당시에는 로봇이라는 개념보다는 단순히 자동으로 물건을 이동시키는 기계로 불리는 정도였다.

| 최초의 산업용 로봇, 유니메이트

*　　　　　
　로봇 로봇의 어원은 체코 어의 '일한다(robota)'라는 말이며, '작업자'라는 의미도 가지고 있다.

산업용 로봇의 활용

                 ↗ 액체나 기체의 압력에 의해 움직이는 장치

로봇은 전기 모터나 유압 장치에서 발생한 동력으로 동작하는데, 쓰임에 따라 용접 장치·집게·페인트 브러시 등을 장착하여 일한다.

               ↗ 다른 두 금속을 열과 압력을 가하여 결합되도록 접합하는 방법

예를 들어 사람이 직접 용접을 하려면 무거운 용접 장비로 오랜 시간 동안 작업해야 하기 때문에 힘이 들고 전기·가스·불꽃에 의한 안전 문제가 우려되지만, 로봇은 무거운 장비를 갖추고도 오랜 시간 작업할 수 있으며 안전 문제도 해결할 수 있다. 이러한 장점 때문에 로봇은 화학 공장이나 반도체 공장과 같이 위험한 화학 물질을 사용하는 곳에서 큰 역할을 하고 있다.

또한 로봇은 완성품을 검사하는 곳에서도 유용한데, 용접한 제품이나 페인트칠을 한 상태를

Think Gen
로봇이 작업 도중에 고장이 난 경우, 로봇 스스로가 고친 후에 작업을 계속 할 수 있을까?

검사할 때 특수 검사 도구를 장착한 로봇을 이용하면 사람의 눈으로 구분하기 어려운 부분까지 확인하면서 오랜 시간 일할 수 있다.

| 국내 업체가 개발한 용접용 스파이더 로봇

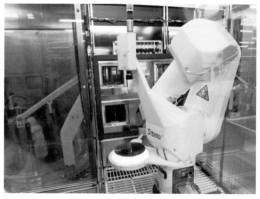
| 반도체 공장에서 작업 중인 로봇

| 무인 생산 시스템을 이용한 자동차 조립

| 생산된 병 제품을 검사하는 로봇

이처럼 로봇은 빠르고 정확하게 작업하면서 단순한 조작이나 반복적인 일, 작업 환경이 열악하거나 사람의 작업 능력을 벗어난 노동에 많이 사용되는데, 이미 자동차, 반도체 등의 생산 시스템에서 사람이 하던 일을 대신하고 있다. 미래에는 여러 가지 정보를 수집·분석하여 스스로 판단하고 적절한 작업을 선택하여 동작하는 지능형 로봇(Intelligence Robot)으로 발전할 것으로 예측된다.

| '리싱크 로보틱스'의 협업로봇 Baxter 작업장의 상황에 따라 단독 또는 협업으로 일을 할 수 있고, 기존 산업로봇에 비해 역할 변경이 편리해 자동차 공장이나 다품종 소량 생산에 쓰이고 있다.

아하
그렇구나

로봇마다 하는 일이 다르다?
로봇은 단순하고 반복적인 일뿐만 아니라 사람이 하기 힘들고 어려운 극한 환경에서의 작업까지 다양한 분야에서 활약하고 있다.

농업 로봇 모내기, 잡초 제거, 수확 등의 작업을 로봇이 대신함으로써 많은 양의 농산물을 수확할 수 있다. 농업 로봇은 일손이 부족한 농촌에 큰 도움을 주고 있다.

재난 로봇 사고가 발생한 곳에서 소방관이나 응급 구조대원들이 하는 일을 대신 처리하는 재난 로봇은 우리의 생명과 안전을 지키는 데 많은 도움을 주고 있다.

| 딸기를 수확하는 농업 로봇

| 우리나라의 재난 로봇, 휴보

07 산업 디자인

물건을 고를 때 우리는 비슷한 제품들을 놓고 제품의 성능과 가격, 그리고 사용할 때 불편함이 없는지 등을 꼼꼼하게 살펴본 후 결정한다. 특히 제품의 모양이나 색상 등은 매우 중요하게 보는 요소들인데, 제품을 선택할 때 디자인은 어떤 영향을 끼칠까?

연필이나 지우개 같은 문구류부터 자동차 같은 값비싼 제품까지, 생산자는 소비자가 만족하여 구매할 수 있도록 제품의 재료, 형태, 제품 시스템, 사후 서비스까지 계획적으로 준비하여 디자인하게 되는데 이러한 분야가 산업 디자인이다.

생산자는 경쟁력 있는 제품을 만들기 위해 경제, 문화, 환경은 물론 공학, 예술, 철학, 심리학 등 여러 분야를 고려하여 제품을 디자인한다.

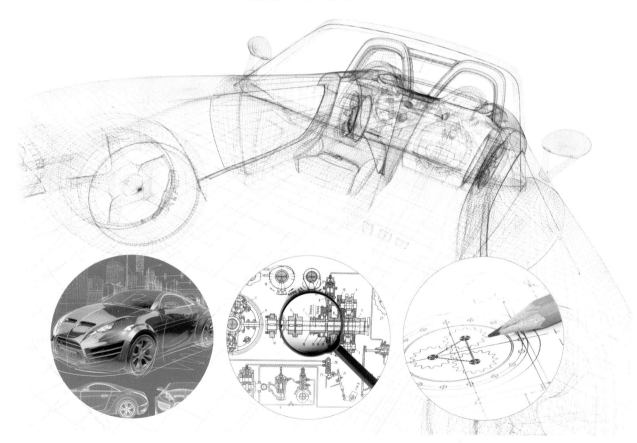

| **산업 디자인 설계 도면** 산업 디자인은 제품 뿐만 아니라 운송 기기, 환경까지 디자인에 포함하는 광범위한 영역이다.

굿 디자인 제도(GD 마크 선정제)란?

최근 세계 여러 나라에서는 산업 디자인의 중요성을 인식하여 국가 차원에서 좋은 디자인의 제품 개발을 촉진하고, 일반인에 게도 디자인의 중요성을 알리는 홍보의 목적으로 굿 디자인 시 상 제도를 운영하고 있다. 우리나라에서는 1985년부터 매년 한 국디자인진흥원(KIDP) 주관으로 우수 디자인 상품 선정 제도를 실시하고 있다.

이 제도는 국내 산업디자인진흥법에 의거, 상품의 외관, 기능, 재료, 경제성 등을 종합적으로 심사하여 디자인의 우수성이 인정된 상품에 GOOD DESIGN 마크를 부여한다.
- 주최: 산업통상자원부(http://www.motie.go.kr)
- 주관: 한국디자인진흥원(http://www.kidp.or.kr)

산업 디자인의 조건

산업 디자이너는 소비자의 욕구를 생산자에게 전달하고, 그 해결 방법으로 제품의 모 양·색상·기능 등을 조절하면서 창의적 제품 생산 과정을 제시하는 조정자 역할을 한다.

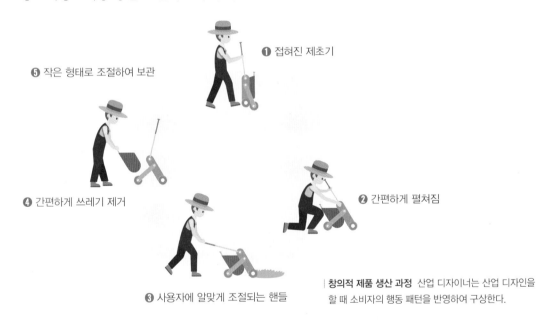

❶ 접혀진 제초기
❷ 간편하게 펼쳐짐
❸ 사용자에 알맞게 조절되는 핸들
❹ 간편하게 쓰레기 제거
❺ 작은 형태로 조절하여 보관

| 창의적 제품 생산 과정 산업 디자이너는 산업 디자인을 할 때 소비자의 행동 패턴을 반영하여 구상한다.

디자인은 소비자가 제품의 모양만 보고 구매할 정도로 매우 중요한 요소이다. 따라서 산업 디자이너는 제품의 모양, 색상, 질감, 조형미 등을 적절히 조화시켜야 하며, 이를 위 해서는 제품을 소비하는 소비자의 특성을 잘 파악할 필요가 있다. 또한 산업 디자이너는

제품의 기본적인 요건을 갖추고 소비자를 만족시키며, 편리하고 안락하게 사용할 수 있게 해야 한다. 더 나아가 사회적인 상황을 반영하여 많은 소비자가 공감하고 즐길 수 있도록 제품 디자인에 신경 써야 한다.

산업 디자이너는 디자인된 제품이 생산 방식에 적합한 것인지, 비용이 과도하게 투입되어야 하는 것은 아닌지 등 경제적 측면을 고려하여야 한다. 또한 구매자의 취향을 고려한 마케팅 및 영업 전략을 세워야 하며, 사용자가 사용하기에 안전하고 창의적으로 디자인해야 한다.

예를 들면 자동차의 경우 차의 외부에서 보는 외장 디자인, 운전자와 탑승자를 위한 내장 디자인, 그리고 이들의 색상 등을 고려하여 디자인하고, 의도한 형태가 잘 나타나며 사람들이 선호하는 소재와 어울리는 색상을 선정하는 것도 매우 중요하다.

여러 모터쇼에서 볼 수 있는 콘셉트 자동차들이 이러한 결과물인데, 이렇게 생산된 콘셉트 자동차는 대중과 전문가들에게 공개하여 평가받게 되며, 이에 따라 실제 생산하는 제품 디자인의 방향을 정하게 된다.

| **차량 소재를 친환경적으로 접근한 도요타 미위** 차체는 재활용이 가능한 플라스틱을 주로 사용하였으며, 실내는 대나무를 사용하여 제작했다.

| 산업 디자인은 소비자를 만족시켜야 한다.

| 좌석이 360° 회전하는 라운지 의자 콘셉트 디자인

미래의 일자리는 어떻게 변할까?

미국의 일간지 워싱턴 포스트지는 로봇이 대체할 8가지 직종, 비즈니스 기술 뉴스 웹 사이트인 비즈니스 인사이더는 미래에 없어질 일자리에 대한 기사를 실었다. 이를테면 자동화 로봇, IT 자동화의 확산, 자율 주행 자동차 기술

워싱턴 포스트가 뽑은 '로봇이 대체할 직종 8가지'
1. 물류 담당 인력
2. 단순 조리 인력
3. 의류 판매자
4. 매장 관리원
5. 트럭 운전사
6. 농장 설비 관리자
7. 애플 제품을 만드는 사람
8. 낮은 수준의 연구 활동을 하는 연구원
〈2013. 12. 23. 워싱턴 포스트〉

비즈니스 인사이더가 보도한 '20년 후 없어질 일자리들'
1. 텔레마케터
2. 회계사 및 회계감사관
3. 소매점 판매원
4. 과학기술 전문 저술가
5. 부동산 중개인
6. 타이피스트
7. 기계 기술자
8. 상업용 항공기 조종사
9. 경제전문가
10. 건강 관련 기술 전문가
〈2014. 1. 23 비즈니스 인사이더〉

의 발달, PC와 로봇이 협업하는 농업, 연구용 로봇의 개발 등 나날이 발전하는 기술로 인하여 가까운 미래에는 기존에 있던 직업이 없어지거나 로봇으로 대체되어 많은 사람이 직장을 잃거나 새로운 일자를 찾아야 할 상황이 올 것이라는 내용이다.

따라서 어떤 분야에 로봇의 개발이 꼭 필요하다면 기술적·경제적 측면 뿐만 아니라 인간적인 측면까지 고려하여 인간과 로봇이 어떻게 공존할 수 있을지를 잘 생각해야 할 것이다.

| 감정을 느끼는 로봇, 페퍼(PEPPER)

1 단계 미래 일자리의 종류와 역할에 관한 마인드맵을 그려 보자.

미래의 일자리

 2 단계 현재 일자리 중 미래에는 없어지거나 로봇이 대신 하게 되는 이유와 인간과 로봇이 함께 행복한 직업 생활을 할 수 있는 방법이 무엇인지 정리해 보자.

우리는 일상생활에서 전기를 이용하는 다양한 기기와 장치들을 사용합니다. 어느 날 갑자기 전기를 사용하지 못하게 된다면 어떻게 될까요? 아마도 가정, 사무실, 공장 등 모든 곳이 순식간에 마비되어 사람들은 혼란에 빠질 것입니다. 전기는 우리 삶의 많은 부분에 매우 중요한 에너지이기 때문입니다.

제3부에서는 인류 역사를 놓고 볼 때 사용 기간이 그리 오래되지 않았지만, 우리의 삶에 큰 영향을 끼치고 있는 전기·전자 기술과 다양한 기기, 장치의 발전과 그 활용에 대하여 알아보겠습니다.

전기 · 전자
기술의 세계

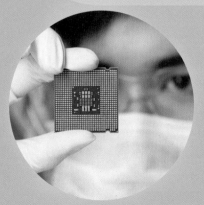

01 발전

실내를 밝게 비추는 조명, 스피커에서 흘러나오는 멋진 음악, 실내 온도를 상쾌하게 유지해 주는 냉·난방기 등은 우리의 일상생활에서 꼭 필요하다. 이러한 제품 중 많은 것이 전기 에너지로 작동한다. 이제 전기가 없는 우리의 삶은 생각할 수조차 없다. 전기가 사용된 100여 년 동안 우리의 삶은 어떻게 바뀌었을까?

우리가 집·학교·사무실에서 편리하게 사용하는 다양한 기기는 대부분 전기 에너지를 사용하여 작동한다. 만약 일상생활에서 전기 에너지가 사라진다면 컴퓨터, 인터넷, 전기 조명을 포함한 여러 기기를 사용할 수 없어서 생활이 불편해질 것이다. 현대 문명사회에서 전기는 공기·물·불과 같이 인간의 삶에 필수적인 요소이기 때문이다.

석유나 가스와 같은 천연 에너지 보다 전기 에너지가 널리 사용되는 이유는 가스 전열기와 전기 전열기를 비교해 보면 쉽게 알 수 있다. 전기 전열기는 콘센트에 플러그를 꽂는 것만으로 손쉽게 사용할 수 있고, 기기의 이동이 간편하며 냄새나 연기에 의한 사고에 비교적 안전하다. 또한 전기를 만드는 발전소에서 사용되는 곳까지 전달하는 방법이 간편하다. 이러한 이유로 전기 에너지는 여러 분야에서 인간의 삶을 유지하는 중요한 에너지로 사용되고 있다.

↘ 전류에 의한 발열 작용을 이용하여 열을 발생시키는 기구

| **구글 데이터 센터** 전기 에너지의 발달은 정보 기술(IT) 혁명의 원동력이 되고 있다. 컴퓨터 시스템과 통신 장비, 저장 장치 등이 설치된 데이터 센터는 수많은 데이터들을 저장하고 유통시키는 곳으로 많은 전력을 필요로 한다.

전기의 발견

일상생활에서 전기를 사용하기 시작한 것은 그리 오래된 일이 아니다. 고대부터 많은 사람이 전기의 존재를 알고 있었지만, 오랫동안 전기가 어떻게 만들어지는지, 또 생활에 어떻게 사용할 수 있을지 잘 알지 못했다.

16세기말 영국의 윌리엄 길버트(William Gilbert)가 최초로 전기와 자기의 체계적인 연구를 시작하였으며, 전기라

| 전기의 발견은 인간의 삶을 완전히 바꾸어 놓았다.

는 명칭을 처음으로 사용하면서 전기에 대한 많은 연구가 진행되었다. 벤저민 프랭클린(Benjamin Franklin)은 번개가 전기적 성질을 가지고 있다는 것과 번개가 공중의 구름 속에서

| 번개가 전기라는 것을 알게 된 벤자민 프랭클린은 실험을 위해 지붕에 설치했던 쇠막대를 개선하여 피뢰침을 발명하였다.

생긴 '+' 전기가 땅으로 내려오면서 '−' 전기와 만나는 현상임을 밝혀냈다. 그리고 번개를 피하기 위해 어린 시절 즐겨하던 연날리기를 응용, 연 꼭대기에 30cm 정도의 쇠붙이를 달고, 아래쪽에는 명주 리본과 쇠붙이의 자물쇠를 연결하는 실험을 통해 벼락을 잡아 땅 속으로 흘러 들어가게 하는 피뢰침을 만들었는데, 이때가 1792년이었다.

이후 과학자들의 다양한 연구와 노력 끝에 현재와 같이 전기 에너지를 만들어 사용할 수 있게 되었다.

아하
그렇구나

전기(electricity)라는 단어의 유래는 무엇일까?

고대인들은 번개를 신의 것으로 특별하게 여기며, 성스럽게 생각하거나 두려워하였다. 기원전 600년경 탈레스(Thales)는 천연 보석인 호박(琥珀; amber)으로 만든 장식품의 표면을 천으로 문지를 때 먼지나 실오라기 등을 끌어당기는 힘, 즉 정전기가 발생한다는 사실을 알게 되었지만, 그 당시에는 정확히 무엇인지 밝힐 수는 없었다. 그리고 전기를 'electricity'라 부르게 된 것은 라틴 어의 호박이라는 단어가 바로 'electrum'이었기 때문이다.

| 호박으로 만든 장신구

전기의 생산과 공급

발전이란 다양한 자원으로부터 전기 에너지를 생산하는 것인데, 발전의 종류에는 천연 자원인 석탄·석유·가스를 이용하는 화력 발전, 우라늄이 핵 분열할 때 발생하는 열에너지를 이용하는 원자력 발전, 강·바다에서 움직이는 물의 힘을 이용하는 수력·조력 발전, 태양의 열에너지를 이용하는 태양열 발전, 바람의 힘을 이용하는 풍력 발전 등이 있다.

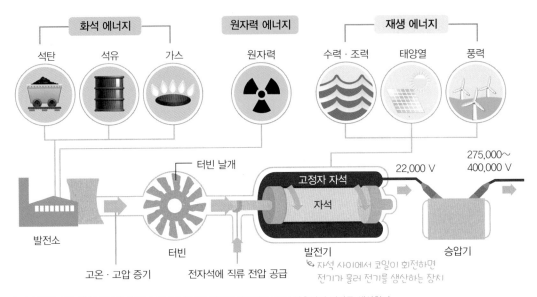

| 전기 생산 과정 화석 에너지, 원자력 에너지 외에도 다양한 재생 에너지를 이용하여 전기를 생산한다.

아하
그렇구나

각각의 발전 방식은 어떻게 다를까?

- **화력 발전** 화석 연료를 연소시켜서 만들어지는 열에너지로 물을 끓여 고온·고압의 증기를 만들어 터빈을 회전시키고 발전기를 통해 전기를 생산한다.
- **원자력 발전** 원자핵이 분열할 때 발생하는 에너지로 물을 끓여 고온·고압의 증기를 만들어 터빈을 회전시키고 발전기를 통해 전기를 생산한다.
- **수력 발전** 물이 떨어질 때 생기는 힘에 의해 수차를 회전시키고 수차에 연결된 발전기로 전기를 생산한다.
- **조력 발전** 밀물 때 들어오는 바닷물을 방조제에 가두어 두었다가 발전에 이용하거나 밀물과 썰물의 해수면 차이를 이용하여 전기를 생산한다.
- **태양열 발전** 태양열을 모을 수 있는 집열판을 통해 발생하는 열에너지를 이용하여 물을 끓여서 수증기를 발생시킨다. 이 수증기로 터빈을 회전시켜 전기를 생산한다.
- **풍력 발전** 초속 4~5m 이상 바람이 부는 곳에 발전 장치를 설치하여 바람의 운동 에너지로 풍력 터빈을 돌려 전기를 생산한다.

발전소에서 만들어진 전력을 먼 거리의 공장이나 가정으로 보내는 과정

발전소에서 생산된 전기는 송전 선로를 통해 전기가 필요한 가정이나 공장, 학교 등에 공급된다. 이때 매우 먼 거리의 송전 선로를 통과해야 하는데, 우리 주변에서 볼 수 있는 산 위의 철탑과 전기선이 바로 전기가 지나는 길이다.

ThinkGen
전기를 생산하는 발전소는 언제, 어디에 처음으로 건설되었을까?

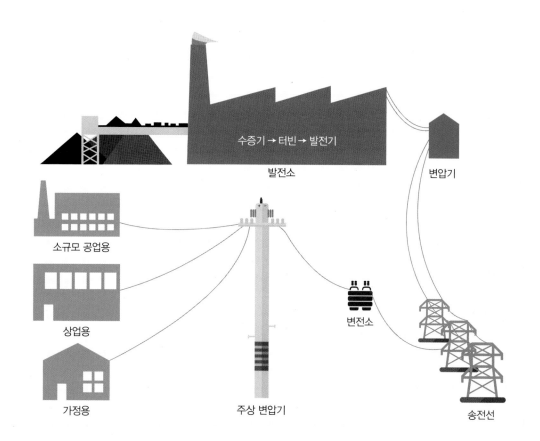

수증기 → 터빈 → 발전기

발전소

변압기

소규모 공업용

상업용

가정용

주상 변압기

변전소

송전선

| 전기의 전달 과정

우리나라의 가정에서 사용하는 전기의 전압은 대부분 220V이지만, 발전소에서 생산되는 전기는 수만에서 수십만 볼트이다. 이렇게 높은 전압의 전기는 송전선을 통하여 변전소까지 전달된 후 사용하기 편리하고 안전한 낮은 전압으로 바뀌어 공장, 상가, 가정에 공급된다.

질문이요 낮은 전압으로 사용될 전기를 왜 위험하고 전자파도 많이 나오는 높은 전압으로 공급할까?
전기를 전달하는 송전 과정에서 전기 에너지의 많은 양이 열로 변하는데, 전기를 높은 전압으로 전달하게 되면 열에너지 형태로 손실되는 전기의 양을 줄일 수 있기 때문이다.

화석 에너지나 원자력 에너지를 사용하여 전기를 생산하고 발전하는 과정에서 만들어지는 폐기물의 보관과 처리는 전기의 이로움과 함께 해결해야 하는 과제이다. 이를 해결하기 위해 국가와 시민 단체 등에서 많은 노력을 기울이고 있으며, 친환경 발전과 관련된 연구도 계속되고 있다. 또한 재생 에너지와 같이 재사용 가능한 발전 방법의 효율을 높인 발전소와 사용자가 직접 전기 에너지를 생산하여 사용하는 자가 발전이 새로운 해결 방안으로 떠오르고 있다.

이처럼 다양한 방법으로 전기를 생산하는 기술이 발전하는 것도 중요하지만, 이와 함께 전기를 효과적으로 소비하는 방법과 이와 관련된 기술의 발전 역시 우리가 중시하여야 할 것이다.

ThinkGen
전자 제품을 사용할 때 어댑터를 사용하는 이유는 무엇일까?

| **영흥 화력 발전소** 석탄재를 재활용하여 친환경 인공 토양을 생산하는 설비를 갖추고 있다.

아하 그렇구나

발전기의 원리는 무엇일까?

자석의 성질이 오래 전에 알려진 것과는 달리, 전기와 자석 간의 관계가 발견된 것은 불과 200여 년 전이다. 발전기는 자석의 두 극(N극, S극) 사이에서 코일을 돌리거나 코일 사이에서 자석의 두 극을 돌리면 전류가 발생하는 원리를 이용한다.

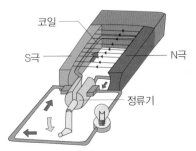

| 전자기 유도를 이용한 발전

02 전기 조명

지난 주말에 부모님과 함께 캠프를 간 태민이는 따뜻하고 분위기가 좋은 모닥불 앞에서 즐거운 시간을 가졌다. 하지만 다른 장소로 이동할 때는 그 빛이 밝지 않아 랜턴을 사용해야만 했다. 모닥불이 뜨겁고 큰 불인데도 작은 랜턴에 비해 밝지 않은 이유는 무엇일까?

빛과 열을 내는 불은 인류 문명을 발전시켜 온 가장 중요한 요소 중 하나로 인간이 어둠을 밝히고 밤에 활동을 시작한 것도 불을 사용하면서부터이다. 초기의 불은 음식을 익히거나 체온을 유지하기 위해서 주로 사용하였고, 동식물에서 추출한 기름으로 비교적 간편하게 빛을 내는 방법을 발견하면서 주변의 어둠을 밝히는 조명으로 사용되기 시작하였다.

조명의 변천

18세기 산업의 발달로 사람들이 밤늦은 시간까지 공장에서 일하는 경우가 빈번해지면서 조명은 더욱 중요해졌다. 하지만 당시 사용하던 가스등은 밝지 않았고 화재의 위험도 컸다.

| **원시 시대부터 사용한 모닥불** 불은 화산이나 산불 등에 의해 우연히 발견된 것으로, 불을 처음 사용한 인류는 호모 에렉투스(직립원인) 때부터로 알려지고 있다. 이처럼 빛이 어둠을 밝히기 시작하면서 인간의 생활에도 많은 변화를 가져왔다.

이에 많은 사람이 더 나은 조명을 개발하기 위해 다양한 연구를 진행하였다.

| **가스등** 석탄 가스를 관에 흐르게 하여 불을 켜는 등을 말한다.

1800년도 초, 영국의 화학자 험프리 데이비(Humphry Davy)는 탄소에 전류를 흘려 빛을 발생시키는 아크등(arc lamp)을 발명하였는데, 전등의 빛이 강하고 탄소 전극을 자주 교환해야 했지만, 이 연구를 시작으로 전기를 이용한 조명이 빠르게 발전하였다.

1878년 영국의 조지프 스완(Joseph Wilson Swan)은 진공으로 된 유리구 안에 탄소 필라멘트를 사용한 백열전구를 발명했지만 유리구 안쪽의 탄소 그을음과 짧은 수명 때문에 널리 사용되지는 못했다.

최초로 실용화된 전기 조명 기구는 미국의 토머스 에디슨(Thomas Alva Edison)이 면으로 된 실을 탄화시킨 필라멘트를 사용하여 만든 백열전구로, 44시간의 점등 시험을 거친 후 실용화되었다. 그 이전에도 많은 과학자가 다양한 전구를 개발하였기 때문에 에디슨이 최초로 전구를 발명한 사람은 아니다. 하지만 에디슨이 널리 전기 조명을 사용하도록 전기 공급 시스템을 구축한 것은 혁신적인 사건이었다.
발전기, 배전반, 배선 등 전기를 공급하는 데 필요한 여러 가지 설비나 형식 ◑

뜨거워진 물체가 빛을 내는 원리를 이용한 백열전구의 사용으로 사람들은 밤에 활동하는 것이 편리해졌지만, 백열전구는 효율이 낮고 수명이 짧아 생활하는 데 여전히 불편하였다.

필라멘트 발열에 의한 백열전구의 발전과 함께 탄생한 형광등은 1938년, 미국 GE사의 조지 인만(George Elmer Inman)에 의하여 발명되었다.

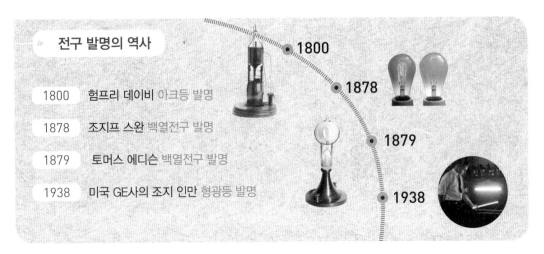

전구 발명의 역사

1800 **험프리 데이비** 아크등 발명

1878 **조지프 스완** 백열전구 발명

1879 **토머스 에디슨** 백열전구 발명

1938 **미국 GE사의 조지 인만** 형광등 발명

1800
1878
1879
1938

형광등은 양 끝에 설치된 전극 사이에서 방전이 일어나면 열전자가 유리관 안쪽의 벽에 입힌 형광 물질을 자극하면서 빛을 발생시키는 원리를 이용한 것으로, 백열전구에 비해 효율이 좋고 수명이 길어서 지금까지도 널리 사용되고 있다.

하지만 계속되는 조명 기술의 발달로 효율이 좋고, 수명 또한 긴 조명이 개발되고 있어 백열등과 형광등도 머지않아 사라질 운명이다. 아울러 이들의 자리는 반도체를 이용한 광원인 LED가 오랜 시간 조명을 사용하는 장소나 스마트폰, 전시장의 조명, 백열전구 등을 시작으로 대부분의 생활 조명을 대체할 것으로 예측된다.

이외에도 번개의 원리와 비슷한 초고주파를 이용한 광원인 PLS(Plasma Lighting System)가 가로등, 산업용 고압방전등을 대체할 것으로 기대된다.

↳ 초고주파 신광원

조명은 인류의 생활에 큰 변화를 가져왔고, 미래에는 단순히 에너지를 사용하여 빛을 내는 것을 넘어 인간의 생활 패턴 그리고 심리 상태, 건강 상태까지도 고려한 조명이 나올 것이다. 즉 사람의 일상생활을 분석하여 만든 정보를 네트워크로 전달받고, 상황에 따라 스스로 조절하는 형태로 발전할 것이다.

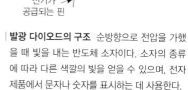

↳ 필라멘트 없이 형광 물질과 전자가 부딪히면서 빛을 내는 방식

발생된 빛
다이오드
투명 플라스틱 케이스
전기가 공급되는 핀

| **발광 다이오드의 구조** 순방향으로 전압을 가했을 때 빛을 내는 반도체 소자이다. 소자의 종류에 따라 다른 색깔의 빛을 얻을 수 있으며, 전자 제품에서 문자나 숫자를 표시하는 데 사용한다.

| 조명의 밝기 조절 및 켜고 끔 등이 네트워크로 연결되어 자동으로 조작이 가능한 시대가 열리고 있다.

진정한 LED 시대를 연 청색 LED의 발명!

| 노벨(Alfred Bernhard Nobel)

2014년 노벨 물리학상은 인류에게 고효율·친환경의 새로운 광원을 선물한 일본 출신의 과학자 3명이 차지하였다. 스웨덴 노벨상위원회는 청색 발광 다이오드(LED)를 최초로 개발한 아카사키 이사무 일본 메이조대학교 교수, 아마노 히로시 나고야대학교 교수, 나카무라 슈지 미국 산타바버라 캘리포니아대학교(UC 산타바버라) 교수를 노벨 물리학상 수상자로 선정하였다.

노벨상위원회는 이 발명을 횃불, 백열전구, 형광등에 이은 '램프 혁명'으로 소개하였다. 현재 스마트폰과 각종 전자 제품의 디스플레이, 조명 등에 사용되는 LED는 우리의 생활 곳곳에 스며 있다. 백열등에 비해 소비 전력은 10분의 1이면서, 수명은 100배 이상 지속되는 LED 빛의 시대가 열린 것이다.

1968년 적색 LED를 시작으로 황색 LED와 녹색 LED가 잇달아 개발되었지만, 파장이 짧은 파란색 빛을 얻는 것은 쉽지 않았다. 빛의 3원색이 적색·녹색·청색(RGB)이기 때문에 청색 LED가 없으면 백색광을 만들지 못하는 상황이었지만, 청색 LED의 발명 덕분에 본격적인 LED 시대가 열리게 되었다.

| 청색 LED

| **IT와 결합하여 도시 문화의 한 부분으로 자리 잡은 LED** 아랍에미레이트 아부다비에 위치한 The YAS Hotel

○З 전지

전자·통신 기술의 발달로 우리는 스마트폰으로 언제, 어디서나 전화를 하고 음악을 들으며, 영상을 볼 수 있다. 이외에도 전기를 사용하는 다양한 전자 제품을 편리하게 휴대하고 다니면서 자유롭게 사용할 수 있게 되었다. 이는 전자 부품의 소형화와 전지 기술의 발달 때문이 아닐까?

우리가 전자 기기를 선택할 때 가장 먼저 염두에 두는 것 중 하나가 전지의 수명일 것이다. 아무리 다양한 기능을 지닌 기기라 하더라도 전지의 수명이 짧아 필요할 때 제대로 활용할 수 없다면 쓸모없는 물건에 불과할 뿐이다.

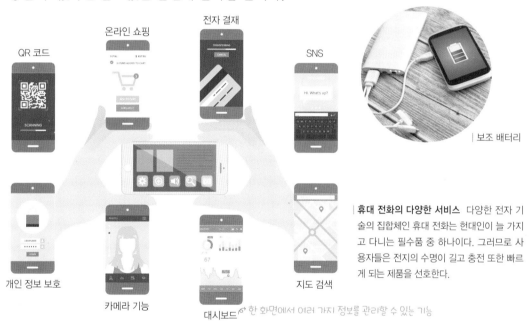

QR 코드

온라인 쇼핑

전자 결재

SNS

| 보조 배터리

개인 정보 보호

카메라 기능

대시보드 ◑ 한 화면에서 여러 가지 정보를 관리할 수 있는 기능

지도 검색

휴대 전화의 다양한 서비스 다양한 전자 기술의 집합체인 휴대 전화는 현대인이 늘 가지고 다니는 필수품 중 하나이다. 그러므로 사용자들은 전지의 수명이 길고 충전 또한 빠르게 되는 제품을 선호한다.

흔히 배터리로 불리는 전지는 전기 에너지를 저장하였다가 필요할 때 일정한 양을 흘려주는 장치이다. 전지의 종류에는 건전지와 수은 전지처럼 제품으로 생산된 배터리를 사용자가 다 사용하여 방전되면 다시 충전하여 쓸 수 없는 1차 전지, 그리고 휴대 전화에 쓰이는 배터리처럼 여러 번 충전하여 재사용할 수 있는 2차 전지가 있다.

| 1차 전지의 종류

| 2차 전지의 종류

우리가 일상생활에서 흔히 사용하는 건전지는 수분이 없는 마른 전지라는 의미로, 1779년 알레산드로 볼타(Alessandro Volta)에 의해 세계 최초로 개발되었다. 구리판(+)과 아연판(−)을 사용하여 볼타 전지가 개발된 이후 전자 기기도 급속하게 발전하였는데, 사람들이 휴대하기 편리하게 전자 기기가 소형화·다양화 되자 전지도 이에 맞게 진화를 거듭했다.

이후 수명이 긴 알칼라인 전지가 개발되었지만, 한 번 쓰고 버려야 하는 불편함은 개선되지 않았다. 이후 니켈, 납, 리튬 등을 재료로 사용하여 개발된 2차 전지는 충전 장치로 여러 번 충전하여 재사용할 수 있는 장점이 있지만, 가격이 비싸고 금속의 독성이 있는 것이 단점이다. 또한 전지가 한 번에 저장할 수 있는 전기의 양이 한정적인 것, 그리고 여러 번 재사용할수록 충전 용량과 효율이 떨어지는 점은 앞으로 해결해야 할 과제이다.

최근에는 2차 전지에서 공급하지 못하는 에너지를 해결하는 데 사용되는 차세대 저장 장치인 슈퍼 커패시터(super capacitor)를 소형화하는 연구가 진행되고 있어서 휴대 전자 기기에도 활용될 것으로 예측된다.

↗ 콘덴서의 성능 중 전기 용량의 성능을 강화한 에너지 저장 장치

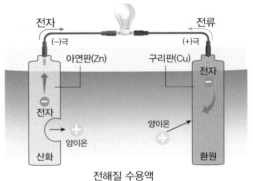

| 볼타 전지

| 슈퍼 커패시터

볼타 전지는 어떤 원리로 전류가 흐를까?

아하
그렇구나

볼타 전지는 묽은 황산과 같은 * 전해질 수용액에 반응성이 다른 두 금속(구리판(+), 아연판(−))을 담그면 반응성이 큰 금속이 산화되어 전자를 발생시키고, 양이온이 되어 전자는 도선을 따라 반응성이 작은 금속으로 이동한다. 이때 전류가 흐르게 된다.

전자   전류
(−)극   (+)극
아연판(Zn)   구리판(Cu)
전자   전자
전자
양이온
양이온
산화   환원
전해질 수용액

*────────
전해질 물에 녹였을 때 더 작은 분자나 원자로 나누어져 이온 상태로 존재하는 물질이다.

새로운 충전 장치 등장

휴대용 전자 기기는 대부분 이동 중에 사용된다. 그렇다면 움직이는 사람이나 바람의 힘 등을 빌려 사용자도 모르게 전지를 충전할 수 있는 방법은 없을까?

태양 전지는 태양의 빛 에너지를 전기 에너지로 바꾸어 주는 전지이다. 초기에 개발된 태양 전지는 효율이 낮고 제품에 부착하면 부피가 커지는 단점이 있었으나, 개선된 태양 전지는 효율이 높고 가격이 저렴하며 플라스틱을 소재로 사용하여 휘거나 접을 수도 있다. 또 제품에 부착할 수 있는 것은 물론이고, 휴대하기 간편하여 전자 기기를 충전하기에 용이하다.

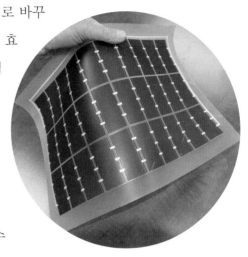

또한 빛이 있는 곳이라면 언제든지 충전할 수 있으므로 전지에 남은 양에 상관없이 편리하게 사용할 수 있다.

| 접는 태양 전지가 실용화되면 일반 전지의 한계로 자유로울 수 있을 것이다.

이 외에도 상상 속의 아이디어를 현실로 바꾸어 주는 연구가 많이 진행되었는데, 그 중 하나가 피에조(piezo)이다. 피에조는 가스레인지에 불을 켜는 데 흔히 사용되는 장치로, 일정한 방향으로 압력을 가하면 전기가 발생하는 성질을 이용한 것이다. 최근에는 신발에도 장착하여 신고 있는 신발이 지면에 닿을 때마다 생기는 압력에 의해 전기를 생산할 수 있도록 하였다.

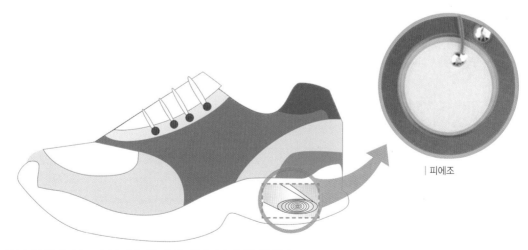

| 피에조

| 신발에 부착된 피에조 장치에 의해 걸을 때 밟는 힘에 의해 전기를 생산한다.

전지의 발달과 자동차의 변화

전지를 만드는 기술이 빠르게 발전하고 있고, 화석 연료를 사용하는 자동차에서 발생하는 환경 오염 물질에 대한 우려가 높아지면서 여러 자동차 개발 회사에서 전기를 동력으로 움직이는 자동차를 선보이고 있다. 여기에는 순수하게 전기 에너지를 사용하는 전기 자동차와 내연 엔진과 전기 모터를 함께 사용하는 하이브리드 자동차가 있다.

이와 함께 기존의 형태와는 다른 3차 전지(화학 반응으로 직접 전기를 발생시키는 전지)를 사용하는 자동차가 소비자의 선택을 기다리고 있다. 수소 연료 자동차는 수소와 공기 중의 산소를 반응시켜 발생하는 전기를 이용하여 주행하며 그 부산물로 물(수증기)을 배출한다. 이러한 수소 연료 전지 자동차는 이미 시범적으로 출시되어 시판 중에 있다. 가까운 미래에 배기가스 대신 물을 배출하는 자동차를 우리 주변에서 흔히 보게 될 날이 올 것이다.

| 전기 자동차

| 하이브리드 자동차

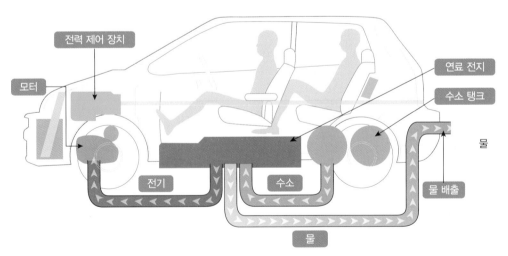

| **수소 연료 전지 자동차 구조** 이 차에서 사용하는 연료 전지는 가솔린 자동차의 내연 기관과 같은 역할을 하며, 배기가스 대신 물을 배출하는 완전 무공해 자동차이다. 특히 이 자동차의 연료로 사용되는 수소 연료 전지는 기존의 전지에 비해 효율이 매우 높다.

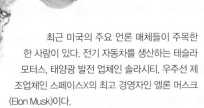

화성 거주지 건설을 꿈꾸는 '엘론 머스크'

최근 미국의 주요 언론 매체들이 주목한 한 사람이 있다. 전기 자동차를 생산하는 테슬라 모터스, 태양광 발전 업체인 솔라시티, 우주선 제조업체인 스페이스X의 최고 경영자인 엘론 머스크(Elon Musk)이다.

그는 2030년 쯤 약 8만여 명이 거주할 수 있는 화성 거주지를 완성하는 우주에 대한 원대한 꿈을 가지고 있다. 화성으로 갈 때는 스페이스X의 우주선을 이용하며, 화성에서는 테슬라 모터스의 전기차를 수송 수단으로 이용하고, 솔라시티의 태양광 발전 기술로 태양광 발전소를 세우고자 하는 것이다.

엘론 머스크는 화성 거주지 건설을 위한 비용으로 약 360억 달러(한화 약 42조 2,280억 원) 정도 소요될 것으로 예상한다고 밝혔다. 건설 과정에는 많은 어려움이 따르겠지만 자신의 경제력과 열정을 쏟아 부어 꿈을 한 걸음씩 현실로 만들어 가고 있다.

| 엘론 머스크

| 스페이스X의 유인 우주선 '드래곤'

| 화성 거주지 건설 현장의 상상도

04 전동기

최근 우리 주변에서 에코(eco), 하이브리드(hybrid)와 같은 마크가 부착된 자동차를 볼 수 있다. 여기에 사용되는 전동기는 어떻게 자동차를 움직이는 힘을 만들까?

구리선 코일을 원 모양으로 감아 놓고 주변에 자석을 빙빙 돌리면 구리선 코일에 전류가 흐르는데, 이 원리를 이용하면 전기를 만들어 낼 수 있다. 그럼 거꾸로 자석을 정지시키고 구리선에 전기가 흐르게 하면 어떻게 될까?

코일에 일정한 시간 간격을 두고 전류를 흘리고 멈추는 것을 반복하면 주변의 자석이 움직이는 것을 볼 수 있는데, 이러한 현상이 발생하는 것은 전류가 전선에 흐를 때 전선 주변에 자기장을 발생시켜 주변의 자석을 밀어내거나 당기기 때문이다. 전동기는 이러한 원리를 적용한 장치로, 특성에 따라 여러 가지 형태로 제작되고 있다.

전기 에너지를 기계 에너지로 변환시키는 장치 𝜕

증기 기관과 엔진은 산업 혁명부터 오랫동안 기계 장치를 움직이는 데 사용되었다. 이후 전기 에너지가 널리 사용되면서 성능이 안정적이고 가벼우며, 비교적 크기가 작은 전동기가 가정용부터 첨단 산업 분야까지 널리 쓰이고 있다.

직류 전동기와 교류 전동기

흔히 모터(motor)라고 불리는 전동기는 전기 에너지로부터 회전력을 얻는데, 이때 사용하는 전원의 종류에 따라 직류 전동기와 교류 전동기로 나눌 수 있다.

| 직류 전동기

| 교류 전동기

직류 전동기 직류 전원을 사용하여 회전하는 전동기로, 아이들이 가지고 노는 장난감 자동차 등에 쓰이는 전동기이다. 직류 전동기는 영구 자석과 전선 코일을 사용하여 구성하는데, 코일에 전류가 흐르는 방향에 따라 발생하는 당기는 힘과 미는 힘을 이용하여 회전력을 만든다.

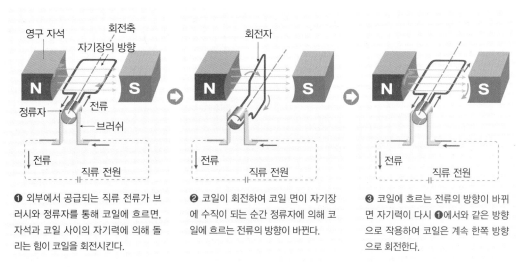

❶ 외부에서 공급되는 직류 전류가 브러시와 정류자를 통해 코일에 흐르면, 자석과 코일 사이의 자기력에 의해 돌리는 힘이 코일을 회전시킨다.

❷ 코일이 회전하여 코일 면이 자기장에 수직이 되는 순간 정류자에 의해 코일에 흐르는 전류의 방향이 바뀐다.

❸ 코일에 흐르는 전류의 방향이 바뀌면 자기력이 다시 ❶에서와 같은 방향으로 작용하여 코일은 계속 한쪽 방향으로 회전한다.

| 직류 전동기의 원리

교류 전동기 전류의 크기와 방향이 주기적으로 변하는 교류 전원으로 운행하는 전동기로, 수 kW의 소형부터 수백 kW의 용량을 사용하는 대형 전동기까지 다양하며 구조가 간단하고 큰 힘을 낼 수 있는 장점이 있다. 하지만 직류 전동기에 비해 제어 방법이 복잡하여 가정의 대형 가전제품과 산업 현장의 고성능 기계, 자동화 기계에 사용된다. 최근에는 지하철, 전기 자동차 등의 이동 수단 등에도 쓰이고 있다.

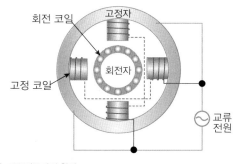

❶ 고정 코일에 교류 전류가 흐르면 고정 코일에 세기와 방향이 변하는 자기장이 형성된다.

❷ 고정 코일에서의 자기장의 변화에 의해 회전 코일에 전류가 유도된다.

❸ 유도 전류는 *렌츠 법칙에 따라 자기장의 변화를 방해하는 방향으로 흐른다. 따라서 고정 코일과 회전 코일 사이에 자기력이 작용하여 회전 코일이 회전한다.

| 교류 전동기의 원리

* ──────────
렌츠 법칙 유도 전류는 유도하는 자기장의 변화를 거스르는 쪽으로 생긴다는 전자기 법칙이다.

아하
그렇구나

로봇에는 어떤 모터가 이용될까?

로봇의 정확한 움직임을 만드는 서보 모터(servo moter)

로봇을 움직이게 하는 데 쓰이는 전동기는 일반 가전제품에 사용되는 모터보다 더욱 정교하게 동작하는 특수한 모터를 사용한다. 이러한 기술 중 하나가 모터의 공간적 위치, 방향 혹은 자세 등을 제어할 수 있는 서보메커니즘이다. 한 방향으로 회전만 하는 모터와 달리 움직임을 지정하면 이를 조정하는 제어 계측 회로에 의해 정확하게 움직이며, 시스템을 통해 모터의 회전 상태를 확인할 수 있다.

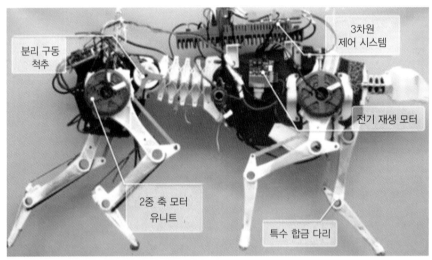

분리 구동
척추

3차원
제어 시스템

전기 재생 모터

2중 축 모터
유니트

특수 합금 다리

| 최대 시속 22Km로 달리는 치타 로봇

화성에서 활동 중인 큐리오시티

미국 항공 우주국(NASA)이 화성에 쏘아 올려 2012년 화성에 착륙한 큐리오시티(curiosity)는 최첨단 초소형 모터를 장착하고 활동 중이다. 2004년에 착륙하여 2015년 3월에 활동을 마친 오퍼튜니티(opportunity)에도 영하 120℃에서 영상 200℃까지 견딜 수 있는 직류 전동기가 장착 되었다.

오퍼튜니티

큐리오시티

05 마이크와 스피커

사람이 말할 때는 소리를 내는 기관인 성대가 떨리면서 공기를 진동시켜 소리를 만들고, 전달된 공기의 진동은 사람의 청각 기관을 떨리게 하여 소리를 들을 수 있게 한다. 전자 기기 중 사람의 귀와 같이 전기 신호를 소리로 바꾸어 주는 스피커와 성대와 같이 소리를 전기 신호로 바꾸어 주는 마이크도 이와 같은 원리를 이용했을까?

마이크

마이크(mike)는 소리, 즉 발생한 음파의 형태를 전기적 신호로 바꾸는 장치로, 정확하게는 마이크로폰(microphone)이라고 하며 스피커와 정 반대의 역할을 하는 장치이다. 1876년 벨(Alexander Graham Bell)이 전화를 발명할 때 전화 송신기로서 사용한 것을 최초로 본다. 벨이 발명한 전화기에 사용된 액체 마이크는 실생활에서 사용하기에는 불

| 마이크의 진동판

편하였는데, 독일 출신의 미국인 에밀 베를리너(Emil Berliner)에 의해 성능이 개선된 마이크를 발표하여 그를 최초로 보기도 한다.

마이크는 방송국이나 공연장 등 사람이 많이 모인 장소에서 사용되었고, 정보 통신 기술의 발달과 함께 인터넷 방송, 동영상 제작 등과 같이 개인적인 용도로까지 사용 범위가 넓어지고 있다. 이제는 스마트폰, 태블릿 PC, 노트북, 데스크톱 등 다양한 전자 기기에 마이크가 내장되어 있을만큼 우리에게 친숙하다.

마이크는 신호를 변환하는 방법에 따라 다이내믹 마이크와 콘덴서 마이크 등으로 나눌 수 있다.

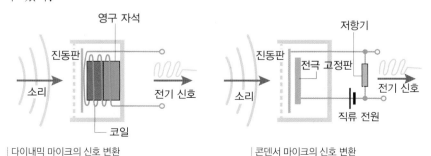

| 다이내믹 마이크의 신호 변환 | 콘덴서 마이크의 신호 변환

다이나믹 마이크 강한 내구성과 저렴한 가격 때문에 대중이 가장 많이 사용하는 마이크
이다. 음파가 발생하면 진동판이 진동하면서 코일 주위에 자기장이 만들어지고, 이러한
전기적 변화를 이용하여 신호를 만든다.

콘덴서 마이크 전기를 저장할 수 있는 전기 소자인 콘덴서를 이용하는 마이크로, 진동판
이 얇고 매우 민감하기 때문에 소리의 작은 변화에도 신속하게 적응하며, 주파수의 특성
이 좋아 다양한 음을 신호로 만들 수 있다. 또한 주파수의 특성이 좋아 고품질의 음향이
필요한 전문 녹음 작업 등에 많이 이용된다.

스피커

스피커는 전기 신호를 소리로 변
환하는 장치로 마이크의 원리를 반
대로 이용한 것이다. 즉 전류가 코일
에 흐르면 자석과 같이 극성을 띠게
되는데, 이때 스피커 원형의 영구 자

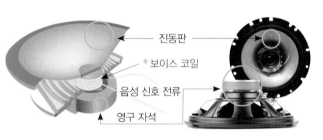

| **스피커의 구조** 스피커는 진동을 통하여 소리를 내는 장치이다.

석 주변의 지속적인 자기장과 작용하여 얇은 막을 당기거나 밀어낸다. 그러면 코일과 붙어
있는 진동판이 진동하여 주변의 공기가 진동하면서 음파가 만들어진다. 이때 진동판의 무
게와 두께, 크기에 따라 스피커가 낼 수 있는 음의 영역이 달라지는데, 보통 고음을 위한 스
피커일수록 저음용 스피커에 비해 크기가 작아지고 진동판의 무게와 두께도 줄어든다.

마이크와 스피커는 의사소통 방식 중 소리와 관련이 있다. 오늘날의 마이크와 스피커를
사용하는 음향 기기에
는 *블루투스 기능이
추가되고, 음성을 바
로 인식하여 처리하는
등 인공 지능형으로 발
전하고 있다.

| **홈 시어터의 스피커** 영화관처럼 고음질의 음
향 장비를 일반 가정에 설치하여 생동감 넘치
는 음향으로 감상할 수 있도록 한 것이다.

| **진공관을 사용한 스피커** 진공관 앰프를 사용
하여 원근감이 풍부하고 자연스러운 소리를
감상할 수 있다.

---
*

보이스 코일 진동판에 나선형으로 감겨있는 코일이다.

블루투스 휴대 전화, 이어폰, 노트북 등 휴대 기기를 무선으로 연결하여 정보를 교환하는 근거리 무선 기술이다.

소리 　전기 신호 　전기 신호 　소리

마이크 　증폭기 　스피커

| 기계를 통한 소리의 전달 과정

질문이요
노래방에서 마이크를 잡고 노래를 부를 때 '삑~', '웅~'과 같이 귀에 거슬리는 소리가 나지 않게 하는 방법은 없을까?

노래방에서 흔히 발생하는 '삑~', '웅~'과 같은 하울링(howling)은 마이크로 입력된 음이 증폭되어 스피커를 통해 나온 후 다시 마이크로 입력되는 현상이 되풀이될 때 나타난다. 이때 스피커의 음량을 줄이기보다는 마이크와 스피커를 되도록 멀리 떨어지게 하거나 스피커 뒤쪽에 마이크를 위치시키면 하울링을 줄일 수 있다. 또한 노래를 부르는 사람이 마이크에 입을 가까이하여 마이크에 스피커의 음이 들어가는 것을 줄이는 것도 좋은 방법이다.

입체 음향 기술이란?

아하
그렇구나

입체 음향 기술은 원래의 음을 재현하고 음의 높낮이, 음색, 방향과 거리감까지 재생하는 음향 기술을 말한다. 이것은 음이 실제로 발생하는 곳에 있지 않아도 청취자가 음향을 들을 때 마치 그곳에 있는 것처럼 느낄 수 있도록 공간 정보가 더해지는 것이다. 이를 위해 각각 분리된 음향이 여러 개의 스피커에서 재생되어 주변의 여러 곳에서 나오는 듯한 소리를 만들어 입체감을 느낄 수 있도록 한다.

영화관에서는 큰 화면뿐만 아니라 더욱 현장감 있는 소리를 들을 수 있는데, 이것은 대부분의 영화관에서 5.1 채널(스피커 다섯 대와 우퍼) 방식이나 7.1 채널(스피커 일곱 대와 우퍼) 방식을 사용하고 있기 때문이다. 여 _{저음이 부족할 경우 사용하는 별도의 스피커} 기에 사용되는 서브우퍼(sub woofer) 스피커는 소리를 낼 때 사람의 몸이 느낄 정도로 떨림이 크며, 사람이 들을 수 있는 소리 중 가장 낮은 음역(초저음역, 20Hz~100Hz)을 재생한다.

| 극장에 설치된 음향 시스템

06 전자파

호메로스(Homeros)가 쓴 일리아드(Iliad)에 나오는 스텐토르(Stentor)는 그리스 진영의 전령으로, 목소리가 큰 것으로 유명했는데, 그의 큰 목소리는 그 당시 사람들 간의 연락을 위한 통신 역할을 하였다고 한다. 오늘날 사람들의 의사를 전달하기 위해 사용하는 통신 기기들은 어떠한 원리로 작동하는 것일까?

오늘날 정보 기술의 발달로 사람들은 라디오, 텔레비전, 스마트폰 등을 활용하여 정보를 얻고 소리와 영상을 포함한 미디어를 손쉽게 주고받는다. 인간은 오래전부터 여러 가지 방법으로 서로 간의 소식을 주고받았는데 이처럼 정보나 의사를 전달하는 것을 통신이라고 한다.

인간은 의사를 전달하기 위하여 몸짓, 손짓, 그림, 문자를 시작으로 파발, 봉화 등을 통신 수단으로 사용하였다. 특히, 18세기에는 전자기를 이용한 무선 통신 방식이 발명되면서 전 세계는 시간과 공간을 초월하여 가까워지고 있다.

전류가 흐르면 주변에 자기장이 발생하는 것을 발견한 영국의 물리학자이자 화학자인 패러데이(Michael Faraday)는 눈에는 보이지는 않지만 전선 밖으로 나오는 어떤 물질이 있다고 생각하였다. 이후 맥스웰(James Clerk Maxwell)은 수학적으로 전자파의 존재를 증명하였으며, 헤르츠(Heinrich Rudolf Hertz)는 라이덴병을 이용한 실험을 통하여 전자기파가 빛과 같은 속도와 모양으로 진행한다는 것을 밝혀냈다.

전자파의 정체를 알게 된 후 신호, 부호, 영상, 음성 정보를 전달할 수 있는 다양한 기술이 개발되었다. 1890년대 중반, 이탈리아의 물리학자인 마르코니(Guglielmo Marconi)는 무선송수신 실험에 성공하였고, 1901년에는 마이크를 통해 음성을 전기 신호로 바꾼 뒤 전자파와 결합하는 방법이 개발되어 라디오 방송의 가능성을 열었다. 이후 라디오, 텔레비전, 그리고 현재 많이 사용하는 스마트폰에 이르기까지 전자파를 이용하는 전자 기기들이 끊임없이 만들어지고 있다.

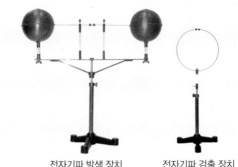

전자기파 발생 장치   전자기파 검출 장치

| 헤르츠가 1887년 전자기파를 발생시키고 검출할 때 사용한 실험 장치

패러데이

1831년 고리 모양의 전선 가운데에서 자석을 움직이면 전류가 발생하는 전자기 유도 현상을 발견하였다.

맥스웰

1864년 전자파가 퍼져나가는 이론을 이용하여 전자파의 존재를 수학적으로 증명하였다.

헤르츠

1888년 정전기를 저장할 수 있는 라이덴병을 이용한 실험을 통하여 최초로 헤르츠 전파의 존재를 입증하였다.

마르코니

1901년 최초로 장거리 무선 전신기를 발명하여 대서양을 횡단하는 무선 통신에 성공하였다.

전자기 유도 현상을 이용한 발전기

$$\oint_S \mathbf{D} \cdot d\mathbf{S} = \int_V \rho dV \quad \text{자기장의 가우스 법칙}$$
$$\oint_S \mathbf{B} \cdot d\mathbf{S} = 0 \quad \text{단일 자극 없음}$$
$$\oint_L \mathbf{E} \cdot d\mathbf{l} = 0 \quad \text{전기장의 가우스 법칙}$$
$$\oint_L \mathbf{H} \cdot d\mathbf{l} = \int \mathbf{J} \cdot d\mathbf{S} \quad \text{자기장의 암페어 법칙}$$

맥스웰 방정식(적분형)

라이덴병

무선 전신기

| 전자파의 발견과 발전 과정

전자파의 종류는 어떻게 분류할 수 있을까?

아하 그렇구나

전자파는 전기장과 자기장으로 구성된 파장이다. 주파수가 높은 순서대로 나열하면 감마(γ)선, X선, 자외선, 가시광선(빛), 적외선, 전파 순으로 분류된다. 전자파는 여러 가지 형태로 우리의 일상생활에서 응용되고 있다.

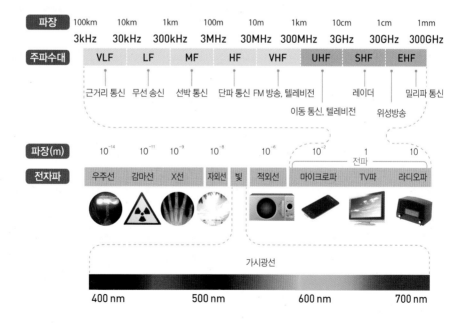

전자파의 활용

전자파는 우리 생활에 다양하게 이용되고 있는데, 이 가운데 최근 사용이 급증하고 있

└ *IC 칩에 제품정보를 내장하여 주파수를 이용한 무선으로 관련 정보를 관리하는 차세대 인식 기술*

는 기술은 RFID(Radio Frequency Identification,무선 주파 인식 기술) 기술이다. 이 기술은 물류 · 유통 분야에 도입되어 사용되고 있다. 제품에 다양한 정보를 넣은 RFID 태그(칩)를 부착하면 생산 · 유통 · 소비에 이르기까지 제품의 이력을 실시간으로 추적할 수 있으며, 도난 방지를 위한 장치로도 사용된다. 또 RFID 기술이 내장된 교통 카드를 RFID 태그를 읽을 수 있는 단말기(리더기)에 대면 사용한 금액이나 잔액 등이 얼마인지 알 수 있다.

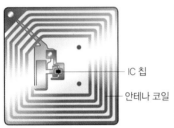
| RFID 태그(전자 태그)

| RFID 칩이 내장된 신용 카드

| RFID 칩이 내장된 카드를 리더기로 정보 읽기

그런데 전기가 연결되지 않은 버스 카드나 상점의 물건이 어떻게 전파를 발생시켜 정보를 전달할 수 있을까? 해답은 전기를 사용할 때 전자파가 발생하는 원리를 거꾸로 적용하여 전자파가 전기를 발생시키는 원리를 이용하는 기술을 사용한 것이다.

RFID 기술이 적용된 제품을 특정한 자기장을 발생시키는 단말기에 가져다 대면 작은 코일에 아주 적은 분량의 전류가 흐르고, 반도체에 등록된 정보를 전자파 형태로 발생시킨다.

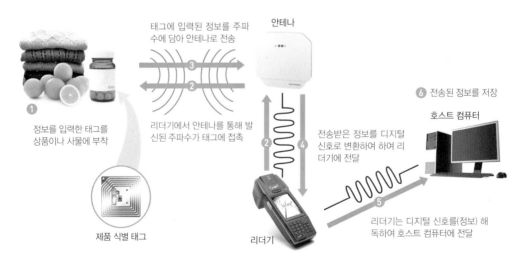

| **RFID 시스템의 기본 구성 및 작동 방식** RFID 시스템은 크게 정보를 읽는 전자 태그와 판독하는 리더, 정보를 처리하는 호스트 컴퓨터로 구성된다. RFID 시스템의 작동 과정은 사물에 부착된 RFID 태그에 포함된 정보가 안테나가 붙어 있는 리더기를 거쳐 무선 통신으로 호스트 컴퓨터에 전송되고, 호스터 컴퓨터는 이 정보를 저장하고 처리한다.

최근에는 RFID 기술이 사물에 RFID 태그를 부착하여 사물과 사물들이 서로 정보를 교류하고 상호 소통하는 *사물 인터넷(IoT: Internet of Things) 환경을 구축하는 데 사용되고 있는 등 앞으로는 더 다양한 분야에서 널리 활용될 것이다.

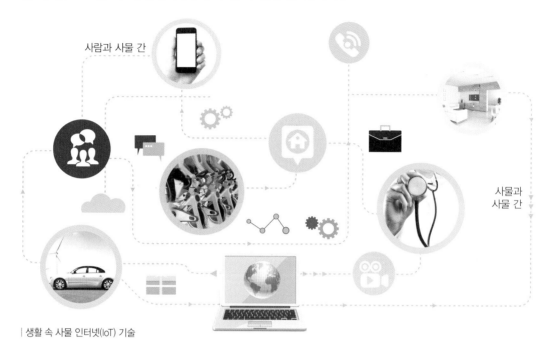

| 생활 속 사물 인터넷(IoT) 기술

이외에도 전자파는 무선으로 전자 기기를 충전하는 무선 충전 시스템에 사용되면서 스마트폰, 노트북 등 각종 전자 기기나 전기 자동차를 선 없이 충전하는 등 다양한 분야에서 활용될 것이다.

| 주차하면 무선으로 충전되는 전기 자동차

*━━━━━━━

사물 인터넷 환경 사람과 컴퓨터, 스마트폰을 넘어 자동차, 냉장고, 시계 등과 같은 사물에 통신 기능과 센서 기능을 탑재하여 사람의 개입 없이 인터넷에 연결되어 실시간으로 정보를 수집하고 공유하면서 그에 맞는 일을 자동으로 처리할 수 있는 환경을 말한다.

07 반도체와 전자 부품

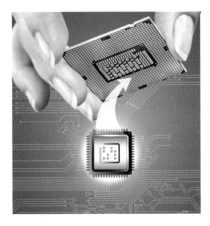

반도체는 전류의 흐름을 조절하거나 빛을 내는 등 특별한 기능을 하기 때문에 전자 산업에 중요한 역할을 한다. 전기의 흐름을 조절할 수 있는 반도체는 우리의 삶을 어떻게 발전시켰을까?

물질 중에는 전기가 통하는 도체와 전기가 통하지 않는 부도체가 있다. 그리고 필요 조건에 따라 전기를 통하게 하거나 통하지 않게 하는 물질이 있는데 이를 반도체라고 한다. 도체와 부도체의 중간 정도의 성질을 가진 반도체는 온도 변화에 따라 전기 전도성이 크게 달라진다. 즉 절대 영도인 −273℃ 부근에서는 전기가 통하지 않고, 온도가 상승할수록 저항이 감소되어 열이나 전기를 잘 전달하는 물체인 도체의 성질을 나타낸다.

아하
그렇구나

어떤 소재로 연결된 전구에 불이 켜질까?

회로 구성은 같지만 각각의 스위치를 철사, 유리, 반도체로 구성하여 불이 들어오는 전구는 어떤 것인지 살펴보는 실험을 통해 소재의 특성을 살펴보자.

실험 1

전선
철사로 된 스위치 ▶

| 도체

철사로 된 스위치를 사용하면 전구에 불이 들어온다. 철사는 전기가 통하는 도체에 해당한다.

실험 2

전선
유리로 된 스위치 ▶

| 부도체

유리로 된 스위치는 전기가 통하지 않기 때문에 전구에 불이 들어 오지 않는다. 유리는 전기를 전달하지 않는 부도체에 해당한다.

실험 3

전선
반도체로 된 스위치 ▶

| 반도체

반도체로 된 전구는 불이 켜지고 꺼지는 것을 조절할 수 있다. 순수한 반도체는 부도체와 같이 전기가 거의 통하지 않지만, 불순물을 첨가하면 경우에 따라 도체처럼 전기를 통하게 할 수 있다.

반도체의 종류 및 특징

반도체는 다이오드, 트랜지스터, 집적 회로 등의 전자 소자를 만드는 재료로, 반도체의 집적 기술이 발전하면서 제품의 성능은 뛰어나면서도 더 작고 가볍게 만들 수 있게 되었다. 반도체를 이용한 전자 소자는 우리 생활에 사용되는 전자 제품과 모바일 기기에서 정류 작용, 증폭 작용, 변환 작용 등의 전기 신호 처리에 사용된다.

← 전기적인 교류 입력을 직류 출력으로 바꾸는 작용
← 두 주파수의 차이에 해당하는 전압이 얻어지는 작용
← 진동의 진폭을 증가시키는 작용

다이오드(diode) 전기 신호의 흐름에는 시간이 지나도 전류의 크기와 방향이 변하지 않는 직류 신호와 시간에 따라 크기와 방향이 주기적으로 바뀌어 흐르는 교류 신호가 있는데, 교류를 직류로 바꾸는 정류 작용에 주로 사용되는 전자 소자로 다이오드가 있다.

| 교류 전류 | 정류 작용에 사용되는 다이오드 | 직류 전류 |

다이오드에서 띠가 있는 부분이 '−'이다.

아하 그렇구나

진공관에서 3차원 집적 회로까지, 반도체의 발달 과정

먼 거리에 전기 신호를 보낼 때 전기 신호가 약해지는 현상이 나타날 수 있다. 이러한 이유로 중간중간에 전기 신호를 증폭시켜 줄 필요가 있는데, 이 역할을 위해 사용된 것이 진공관이었다. 하지만 진공관은 크고 무겁기 때문에 실생활에서 손쉽게 사용할 수 있는 다양한 장치를 개발하는 데는 어려움이 있었다. 이러한 문제를 극복하기 위하여 크기도 작고 전류의 흐름을 조절하기 편리한 트랜지스터가 발명되었다.

오늘날에는 다이오드와 트랜지스터 등의 여러 전자 부품을 한 개의 작은 반도체 칩에 집어넣은 집적 회로(IC)를 거쳐 3차원 집적 회로까지 발전하고 있다.

진공관
1906년 디포리스트의 3극 진공관 발명

트랜지스터
1947년 존 바딘, 윌리엄 쇼클리, 월터 브래튼의 트랜지스터 발명

집적 회로
1959년 잭 킬비의 집적 회로 발명

초대규모 집적 회로(ULSI)
1994년 트랜지스터가 100만 개 이상 집적된 칩

3D 집적 회로
2008년 2차원 구조의 집적 회로를 3차원으로 집적시킨 칩

LED(light emitting diode) 최근 조명 기구로 인기를 끌고 있는 LED는 다이오드의 한 종류로 전기 신호를 빛으로 바꿔 주는 역할을 한다. 이러한 반도체를 발광 소자라고 하는데 초록, 빨강, 파랑의 삼원색으로 빛나는 LED를 사용하여 다양한 색을 표현할 수 있다.

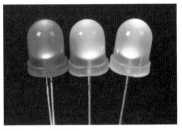
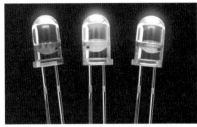

─   ＋
다리가
긴쪽이
'＋'극이다.

| 발광 다이오드 LED

트랜지스터(transistor) 전자 기기를 설계할 때 약해진 전기 신호를 강한 신호로 키워 주는 것을 증폭이라고 하는데, 이때 트랜지스터를 사용한다.

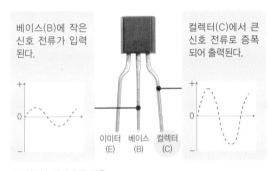

베이스(B)에 작은
신호 전류가 입력
된다.

컬렉터(C)에서 큰
신호 전류로 증폭
되어 출력된다.

이미터 베이스 컬렉터
(E)   (B)   (C)

| 트랜지스터의 증폭 작용

| 기판에 설치된 여러 가지 트랜지스터

트랜지스터는 20세기 우리 인류 사회의 획기적인 발명품에 속하는 전자 부품 중 하나로 1950년대 후반부터 여러 응용 분야에서 진공관 대신 사용하게 되었다. 진공관에 비해 크기도 작고 전력 소모와 열의 발산이 적어 대부분의 전자 제품에 사용하던 진공관을 대체하게 되었고 복잡한 회로의 소형화가 가능하게 되었다.

| **트랜지스터를 발명한 과학자들** 1947년 미국 뉴저지 주 벨 전화연구소의 물리학자 존 바딘, 윌리엄 쇼클리, 월터 브래튼에 의해 발명되었다.

트랜지스터가 발명된 이후 현재 우리가 사용하는 제품 중 전기 신호를 사용하는 컴퓨터, 휴대 전화, 자동차, 항공기, 로봇 등 대부분의 전자 제품에는 반도체가 사용되고 있다. 이로써 반도체 없이는 제품을 제작하거나 작동시키는 것이 어려운 세상이 된 것이다.

| 세계 최초의 트랜지스터

집적 회로 전기 회로를 구성하는 수백 개의 트랜지스터와 다이오드, 저항, 콘덴서, 코일 등과 같이 여러 유형의 회로 소자를 하나의 반도체 기판(또는 칩)에 집적하여 특정한 전자 회로 기능을 실현한다. 집적 회로는 크기는 작지만 동작 속도가 빠르고 전력 소비도 적으며 가격이 저렴하다. 집적 회로에는 모든 소자가 판화에 선을 새겨 넣듯 얇게 새겨진 실리콘이 소자들을 연결하는 전선을 대신하므로 내부 소자들을 잇는 전선이 필요없다.

1959년 특허로 등록된 세계 최초의 집적 회로 1958년 미국 텍사스 인스트루먼트사 잭 킬비는 수많은 전자 부품을 반도체 물질을 사용하여 한 번의 공정으로 제조하는 것이 가능함을 알게 되면서 트랜지스터, 축전지, 세 개의 레지스터로 구성된 집적 회로를 개발하였다.

반도체는 데이터의 전환이나 저장 · 연산 · 제어 기능을 위해 사용되는데, 그 중 정보를 저장하는 반도체인 '메모리 반도체'가 있으며, 컴퓨터 등에 사용되는 반도체 중 연산, 제어 기능 등을 수행하기 위한 것으로 고밀도 집적 회로(LSI; Large Scale Integrated Circuit)가 있다. 또, 수치 정보를 계산하는 데 사용된 '논리 반도체'와 기계어 작동 순서를 프로그램화하여 차례대로 장치나 장비를 자동으로 제어하는 데 사용되는 마이크로프로세서(Microprocessor) 등이 있다. 반도체는 전자 산업의 발전과 함께 우리 실생활의 여러 분야에서 사용되고 있으며, 각종 기기 뿐만 아니라 앞으로 첨단 IT 장치, 로봇 등에서 그 중요성은 더욱 커질 것이다.

하나의 반도체 칩에 1,000~100만 개의 소자를 집적시켜 전자 부품의 소량화 · 경량화를 가능하게 하였다.

컴퓨터에서 중앙 처리 장치에 해당하는 기능을 하나의 고밀도 직접 회로에 집적시킨 것이다.

| 메모리 반도체 장치들

| 고밀도 집적 회로

| 마이크로프로세서

무어의 법칙 vs 황의 법칙

무어의 법칙

'무어의 법칙'은 마이크로 칩에 저장하는 데이터의 양이 18개월마다 두 배로 증가한다는 법칙이다. 1965년 페어차일드의 연구원이던 고든 무어(Gordon Earle Moore)가 마이크로 칩의 용량이 매년 두 배가 될 것으로 예측하며 만든 법칙이다. 하지만 1975년에는 24개월로 수정되었고, 다시 18개월로 재수정되었다.

이 법칙은 컴퓨터의 처리 속도가 갈수록 빨라지고 메모리 용량이 커진다는 뜻을 가지고 있다. 실제 인텔의 반도체는 이러한 법칙에 따라 용량이 향상되었다.

황의 법칙

'황의 법칙'은 반도체 메모리의 용량이 1년마다 두 배로 증가한다는 이론이다. 황창규 전 삼성전자 사장이 '메모리 신성장론'을 발표한 것에서 그의 성을 따서 '황의 법칙'이라고 부른다. 반도체의 집적도가 매년 두 배씩 증가한다는 황의 법칙은 무어의 법칙을 뛰어넘는 것이었다. 그는 이를 주도하는 것은 모바일 기기와 디지털 가전제품이라고 설명하였다. 삼성전자는 황의 법칙이 실제로 적용된다는 것을 반도체 기술 개발로 입증하였다. 그러나 2008년에 삼성이 128GB NAND 플래시 메모리를 발표하지 않음에 따라 이 법칙이 깨졌다.

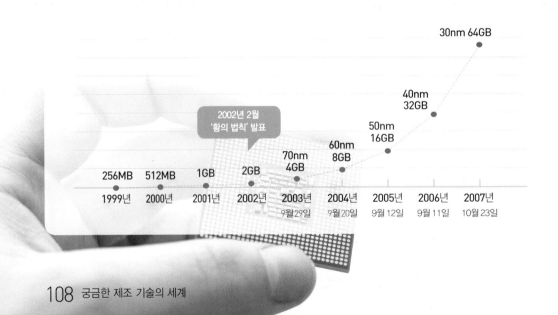

모바일 기기에 쓰이는 반도체

⚓ 또는 휴대용 기기

모바일 기기란 휴대 전화, 태블릿 등과 같이 휴대하기 편하고 언제 어디서나 무선 통신에 접속하여 다양한 기능을 활용할 수 있는 기기를 말한다.

CIS(CMOS Image Sensor)

카메라 렌즈를 통해 들어오는 빛을 전기 신호(디지털)로 바꿔 주는 반도체

Exynos 7 Octa AP (Application Processor)

모바일 기기의 동작을 위한 두뇌 역할을 하는 핵심 부품으로, 고성능, 저전력의 시스템 반도체

eMCP (Embedded Multi-Chip Package)

두 개 이상의 반도체 칩을 하나로 묶은 제품으로, 모바일 D램과 플래시 메모리(eMMC)를 하나의 패키지에 쌓은 메모리 솔루션

LPDDR2 (Low Power Double Rate 2)

제품의 크기와 전력 소모를 크게 줄인 모바일 D램으로, 차세대 저전력 메모리 반도체

microSD Card (Secure Digital)

상용화된 메모리 카드 중 크기가 가장 작은 제품으로, 대용량의 데이터를 빠른 속도로 처리할 수 있는 메모리 반도체

SIM Card (Subscriber Identification Module)

통신 가입자를 식별하는 보안 칩이 탑재된 카드로 모바일 신용 카드, 교통 지불 서비스 등 활용도가 높은 시스템 반도체

○8 센서

디지털 카메라로 사진을 찍을 때 피사체에 초점을 맞추고 셔터를 누른다. 사진을 찍는 사람은 눈치채지 ⌒촬영의 대상이 되는 사람이나 물체
못하지만, 디지털카메라에는 이미지 센서를 통해 피사체를 인식하는 등 다양한 센서들이 내장되어 있다. 그렇다면 우리가 사용하는 다양한 전자 제품에는 어떤 센서들이 내장되어 있을까?

특정 빌딩이나 상가에 가면 직접 손으로 문을 열지 않아도 다가가기만 해도 저절로 문이 열린다. 또 조명 중에는 사람의 움직임을 감지하여 불이 켜지고 꺼지기도 한다. 어떤 에스컬레이터는 사람이 가까이 갈 때부터 작동하도록 하여 전기를 절약하고, 설정한 온도에 반응하여 적절히 작동하는 에어컨도 있다. 최근에는 사람이 직접 운전하지 않아도 자동으로 주행할 수 있는 자율 주행 자동차도 개발되었다. 이러한 일들이 가능한 것은 외부 ⌒온도, 빛, 소리, 압력 등을 일정한 신호로 바꿔 주는 부품
자극이나 신호를 감지하는 센서(sensor)를 사용하기 때문이다.

사람은 다섯 가지 감각 기관(눈, 코, 귀, 입, 피부)을 통해 보고 듣고 냄새 맡고 맛을 보며 온 ⌒신경 세포
도의 변화를 느낀다. 이렇게 모아진 데이터는 뉴런을 통하여 뇌에 전달되며, 전달된 데이터에 따라 반응하여 다양한 행동을 하게 된다.

이와 비슷한 방법으로 전자 제품들은 센서를 통하여 주변의 데이터를 전기 신호로 전달받으며, 그 신호에 따라 미리 설정된 프로그램에 따라 작동하게 된다.

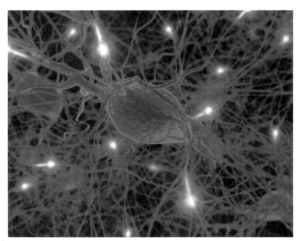

| 뉴런은 신경계를 이루는 구조적·기능적 기본 단위가 되는 세포이다. 사람이
느끼는 다섯 가지 감각으로부터 생긴 정보는 뉴런을 통하여 뇌에 전달된다.

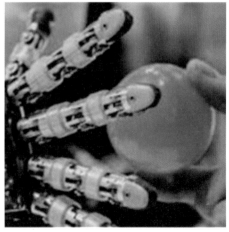

| 로봇이 손에 부착된 센서를 통해 사물을 감지하고 있다.

나침반도 자침이 남북을 가리키는 센서의 일종이며, 질량을 재는 저울도 센서의 일종으
로 볼 수 있다. 이후 센서는 자동 기기의 핵심인 마이크로프로세서가 만들어지면서 지금
도 급속도로 발달하기 시작하였다.

↳ 수평면에서 자유로이 회전할 수 있게 만든 바늘 모양의 자석

다양한 곳에서 발생하는 신호를 전기 신호로 바꾸는 센서와 이를 생활에 적용하기 위한
많은 연구가 활발하게 진행되고 있다.

센서의 활용

센서는 우리 주변에서 광범위하게 사용되고 있다. 텔레비전 스
스로 주변에 도는 빛의 양을 센서로 측정하여, 사람의 눈이 피로하
지 않도록 화면의 밝기가 자동으로 조절되거나, 카메라에
내장된 센서에 의해 사진 촬영 시에 손떨림 보정 기능이 수
행되는 등 우리가 인식하지 못하는 경우도 많다.

또 스마트폰에 탑재된 다양한 센서(조도 센서, 이미지 센서, 터치
센서, 가속도 센서, 자이로스코프센서, GPS 센서, 지문 인식 센서, 근접 센서, 지
자기 센서 등)가 이전에는 상상할 수 없었던 여러 가지 기능을
구현하고 있다.

| 렌즈 교환식 카메라에서 흔들림 없는
사진을 찍을 수 있도록 렌즈에 '손떨림
보정' 기술이 내장되었다. |

최근 정보 과학 기술의 발달로 센서의 제작 기술 또한 급속히 발전함에 따라 가격은 저
렴해지면서 고성능화·지능화되고 있다. 아울러 인터넷과 스마트 기기 등과 연계되어 미
래 정보화 시대의 핵심 기술로 각광받고 있다.

센서 기술은 사람의 감정을 인지하고 반응하는 감성 컴퓨터, 그리고 컴퓨터 시스템을
이용하여 실제와 유사한 특정 환경이나 상황을 체험할 수 있는 가상 현실을 우리에게 선
보일 것이며, 소프트웨어를 활용한 제품의
자동화 및 로봇 관련 산업이 발전할 것이다.

더 나아가 각종 정보 기술을 활용하여 교
육 컨설턴트 시스템, 수작업으로만 가능했
던 미세 가공, 건강과 관련된 몸의 상태를 인
터넷 환경에서 체크하고 관리받는 헬스 케어
시스템 등도 비약적으로 발전할 것이다.

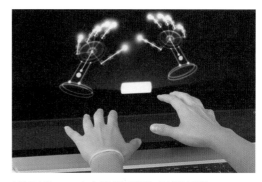

| 립 모션(leap motion) 센서를 이용한 가상 현실 화면
↳ 손짓이나 손가락만으로 시스템을 제어할 수 있는 차세대 센서

스마트폰에 내장된 다양한 센서

조 도 센서　스마트폰은 주변의 밝기에 따라 화면의 밝기를 자동으로 조절하여 사용자의 눈이 피로하지 않게 하고, 불필요한 에너지 낭비를 줄일 수 있다. 이때 주변 빛의 양을 측정하는 역할을 하는 조도 센서는 빛의 양에 따라 전기 저항이 변하는 물질로 제작된다.

이미지 센서　디지털카메라 또는 스마트폰용 카메라 등에 사용되는 핵심 부품인 이미지 센서는 촬영하는 피사체 정보를 센서가 감지하여 전기적인 영상 신호로 변환해 준다.

| 조도 센서를 이용한 화면의 밝기 조절

터치 센서　태블릿 PC나 스마트폰 등에서 터치, 드래그, 확대·축소와 같이 손가락의 움직임을 인식하는 센서이다. 터치 센서에는 표면을 누르는 압력을 감지하는 감압식과 인체의 정전기를 통하여 사용자의 움직임을 감지하는 정전식이 있다.

가속도 센서　물체의 속도 변화, 진동, 충격 등 운동 방향의 변화를 측정하는 센서이다. 이 센서에는 스마트폰의 움직임을 감지하는데 사용되며, 공장 자동화, 그리고 수송 장치와 같이 움직임이 발생하는 장치에서 다양한 용도로 쓰이고 있다.

| 터치 센서에 의해 손가락의 움직임을 감지하는 스마트폰

자이로스코프 센서　물체가 어느 방향으로 또 얼마나 기울었는지를 인식하는 센서이다. 가속도 센서보다 다양한 동작을 인식할 수 있으며, 스마트폰뿐만 아니라 항공기, 선박, 군사용으로도 사용되고 있다.

*GPS 센서   인공위성을 이용하여 현재 시간이나 사용자의 현재 위치 정보를 확인 할 수 있는 센서이다. 스마트폰의 위치를 기반으로 작동하는 지도, SNS 애플리케이션 등에 사용되고 있다.

| 스마트폰을 이용한 길 찾기

지문 인식 센서   사람마다 다른 고유한 지문을 이용하여 스마트폰의 잠금과 해제나 스마트폰을 이용한 결제 시스템 등에 쓰인다. 갈수록 보안을 강화하는 지문 인식 센서가 장착된 스마트폰이 늘고 있다.

근접 센서   상대방과 통화를 위해 스마트폰을 귀에 가까이 대면 화면이 꺼지는데, 이때 작동하는 것이 근접 센서이다. 물리적으로 직접 접촉하지 않고도 장치와 신체 간의 거리를 감지할 수 있는 센서이다.

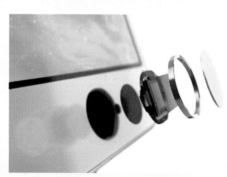

| 지문을 인식할 수 있는 터치 ID가 장착된 아이폰
↳ 홈 버튼 지문 인식 센서

지자기 센서   자기장의 세기를 측정하여 방위를 측정하는 센서이다. 스마트폰에서 디지털 나침반 애플리케이션으로 사용되며, GPS 센서와 함께 위치 기반 서비스를 구현하는 데도 사용된다.

| 지자기 센서를 이용한 나침반 애플리케이션

*
GPS(Global Positioning System) 인공위성에서 보내는 신호를 수신하여 사용자가 현재 있는 위치를 알아내는 위성 항법 시스템이다.

전자 제품의 전자파로부터 조금 더 안전하게 사용하는 방법은 없을까?

토론

전기가 흐르면 그 주변에는 전자파가 영향을 끼치는 전자기장이 생기는데 전기로 작동하는 전자 제품의 주변에도 역시 전자파가 발생하게 된다. 전자레인지는 음식에 강한 전자기장을 만들고, 음식의 물 분자를 진동시켜 음식을 데우는데, 이와 같은 이유로 전자기장에서 생활을 하게 되면 사람의 체온도 상승하게 되어 건강에 좋지 않은 영향을 끼치게 된다. 따라서 발전소나 변전소, 송전선과 같이 강한 전자파가 발생하는 곳에서 장시간 일을 하는 것은 피하는 것이 좋다. 전자기장의 영향은 전자파의 강도와 함께 전자파가 발생하는 장소와의 거리도 중요한데, 거리가 멀어지면 전자파의 세기는 크게 줄어들기 때문이다.

우리 몸과 가장 가깝게 그리고 늘 사용하는 전자 제품인 스마트폰이 인체에 좋지 않은 영향을 끼칠 것에 대해 많은 과학자가 우려하고 있다. 뇌의 신경 세포가 정보를 전달하는 원리 중 하나는 전기 신호인데, 뇌의 신경 세포가 스마트폰에서 발생하는 전자파의 영향을 받아 유전자 이상이나 암과 같은 질병이 발생할 수 있기 때문이다.

우리가 사용하는 여러 가지 전기 제품은 전자파가 얼마나 나올까?

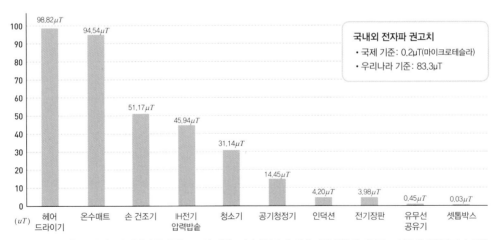

| 우리나라 생활 전기 제품의 전자파 측정치(2014년 기준) 전자파를 오래 쐬게 되면 온몸이 나른하고 신경이 예민해지며, 잠을 잘 이루지 못하게 된다고 하는데, 우리나라는 건강에도 좋지 않은 전자파 허용 측정치가 국제 기준치보다 무려 400~500배 이상 차이가 난다. 10개 항목 중 헤어드라이기와 온수매트는 기준치를 넘고 있으므로 개선책이 필요하겠다.

〈출처〉 서울시(http://opengov.seoul.go.kr/sanction/1749736)

1 단계 전자파가 발생하는 장소나 전자 제품이 인체에 끼치는 영향에 대해 마인드맵으로 그려 보자.

전자파

 2 단계 전자 제품을 안전하게 사용할 수 있는 방안은 무엇인지 자신의 생각을 정리해 보자.

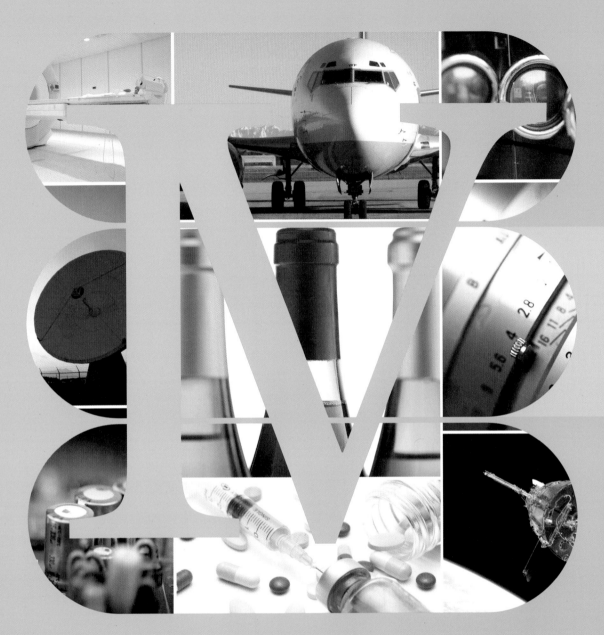

　우리는 일상생활을 하면서 필요에 따라 다양한 제품들을 다양한 방법으로 구해 쓰고 있습니다. 그
렇지만 그 제품들이 어떤 과정을 거쳐 만들어지고, 또 어떻게 발달되어 왔는지에 대해서는 잘 알지
못하는 경우가 많습니다. 제품은 소비자의 욕구, 사회적 요구, 자본, 생산 시스템 등 여러 요소를 최
대한 만족시키기 위해 끊임없이 변화하면서 일련의 과정을 거쳐 생산되기 때문에 인간과 밀접한 관
계를 맺고 있습니다.

　제4부에서는 인간을 둘러싼 의식주를 기본으로, 일상생활에서 많이 사용하고 있는 여러 제품의
발자취와 사용된 첨단 기술, 아울러 미래에 대한 전망을 살펴보겠습니다.

제품의 세계

01 식품

요즈음에는 한 끼 식사나 간식을 간편하고 손쉽게 즐길 수 있다. 이것은 병이나 캔과 같은 용기에 음식물을 보관할 수 있는 기술이 개발되었기 때문이다. 우리 주변의 할인점이나 편의점 등에서 판매하는 다양한 식품은 어떤 과정을 거쳐 만들어지는 것일까?

사람이 살아가는 데 있어서 가장 중요한 것 중 하나가 음식이다. 사람이 식품으로 이용하는 곡식, 육류, 어패류 등은 일정한 시간이 지나면 부패하여 먹을 수 없게 된다. 이런 이유로 식품을 일정 시간 보관하였다가 먹을 수 있도록 하는 기술이 다양하게 개발되어 왔다.

이를테면 소금을 이용하는 염장, 연기를 이용하는 훈연, 말려서 보관하는 건조 등의 조리 및 보관 방법들은 자신이 사는 지역의 여건이나 생활 환경에 따라 다양하게 발전하고 있으며, 나아가 하나의 식문화(食文化)로 자리 잡고 있다.

다양한 방법으로 조리된 식품은 여러 유통 경로를 거쳐 우리 가정으로 공급되고 있는데, 이때 식품들은 유리병이나 캔, 알루미늄 봉지, 플라스틱 용기 등에 담겨 제공된다. 이처럼 식품을 보관하는 용기는 기능성을 고려한 소재를 사용하고 있으며, 이러한 보관 용기 개발은 다양하게 발전해 오고 있다.

Think Gen
통조림을 만들 때 완전하게 멸균하기 위하여 사용하는 방법은 무엇일까?

| 유리병에 담겨 있는 여러 가지 절임 식품

통조림용 통은 유리뿐만 아니라 철, 알루미늄, 플라스틱 등 다양한 재료를 이용하여 만들었다. 특히 1810년 영국의 피터 듀런드(Peter Durand)가 개발한 양철 통조림은 가볍고 충격에 강해 수송하기에 좋고, 열에도 강해 높은 온도로 살균 처리를 할 수 있어서 오늘날까지 통조림 용기 재료로 널리 사용되고 있다.

| 자동화 시스템에 의하여 생산되는 제품

또한 전자레인지에 간편하게 데워서 섭취할 수 있도록 알루미늄 포일을 3~5겹 붙여 만든 *레토르트 파우치(retort pouch)는 비상 식품이나 이동 중 섭취할 수 있는 음식물의 보관뿐만 아니라 일반 가공 식품의 보관 용기로도 유용하게 쓰이고 있다.

➤ 코팅층: 폴리에스테르
➤ 외층: 나일론
➤ 중간층: 알루미늄 포일
➤ 식품 접촉층: 폴리프로필렌

| 레토르트 파우치의 구조 및 소재

ThinkGen
식품을 오래 보관하기 위해서는 식품을 담는 그릇이나 보관 방법도 중요하지만 화학적 첨가제가 들어가기도 한다. 이러한 물질이 우리 건강에 해롭지는 않을까?

병조림의 원리는 무엇일까?

아하 그렇구나

수많은 전쟁을 치렀던 프랑스의 나폴레옹 1세는 군대에 공급하는 식품을 신선한 상태로 완전히 저장할 수 있는 좋은 방법을 공모하였다. 이에 1804년 니콜라스 아페르(Nicolas Appert)는 병조림을 개발하여 프랑스 정부로부터 상금을 받게 되었다. 병조림의 원리는 입구가 넓은 유리병에 익힌 음식물을 넣은 후, 공기를 빼내고 촛농과 코르크 마개로 단단히 밀봉하여 외부로부터 미생물의 차단을 막아 식품이 부패하는 것을 늦추는 방법이었다.

| 니콜라스 아페르가 개발한 병조림

---

* 레토르트 파우치(retort pouch) 식품을 담은 후 밀봉 또는 살균 상태를 유지하기 위하여 가열·살균한 내열성 식품 포장용기를 말한다.

이처럼 식품 보관 방법이 발달하면서 식품의 유통 기한이 늘어나게 되었고, 일정하게 표준화된 규격의 용기에 담긴 식품이 대량 생산되기 시작하였다. 이러한 과정을 통해 우리가 즐겨 먹는 소시지, 초콜릿, 마요네즈, 분유 등 다양한 음식들이 공장에서 조리되어 포장된 상태로 우리 가정의 식탁에 오르고 있다.

ThinkGen
과자를 봉지에 포장할 때 질소를 넣는 이유는 무엇일까?

| 제조 식품의 유통 경로

최근 많은 사람이 식품 안전에 관심을 가지면서 다양한 제조 방법과 관리 규정에 대한 연구가 진행되고 있다. 이를테면 식품을 오래 보관하고 많은 양을 공급하는 방식에서 사람들이 원하는 형태와 성분을 갖춘 맞춤형 제품을 제공하는 방식으로 변화하고 있는 것이다. 그리고 사람들은 건강 관리, 노화 방지, 피부 미용 등을 위해 자신이 원하는 형태로 생산된 식품을 섭취하고, 개인의 체질에 알맞는 기능성 식품을 소비하는 형태로 발전할 것이다.

또한 식품을 생산·관리·유통하는 방식에 있어서는 식품과 정보 기술을 융합한 차세대 유통 시스템을 통하여 원료 생산부터 가공·유통·판매에 이르기까지 전 단계에 걸쳐 품질·공정·정보 등을 실시간으로 관리하여 생산하는 형태로 발전할 것이다.

우주 식품

우주 식품은 우주 공간에서 우주인이 섭취할 수 있도록 만든 식품이다. 특수한 공간에서 섭취하는 식품이므로 가볍고, 조리가 간편하며, 특별한 장비 없이 오랜 기간 안전하게 보관할 수 있어야 한다. 특히 식품에서 나오는 조그만 부스러기나 수분은 공간을 둥둥 떠다니다가 장비에 손상을 줄 수 있으므로 미세한 가루나 국물이 포함된 음식물들은 특수하게 가공된다.

최근 출시된 우주 식품의 수는 약 300여 종으로, 나라별 우주인의 입맛에 맞도록 특별하게 만들어진다. 참고로 우리나라는 김치, 라면, 수정과, 생식바, 비빔밥, 불고기, 미역국, 오디 음료, 부안 참뽕 바지락죽, 부안 참뽕 잼, 상주 곶감 초콜릿, 당침 블루베리, 단호박죽, 닭죽, 닭갈비, 사골우거짓국, 카레밥 등 17종이 우주 식품으로 인증받았다.

🖋️ 견과류, 곡식, 채소 등을 섞어 만든 음식

| 여러 가지 우주 식품

O2 종이

인류는 라스코 동굴 벽화, 춘추 시대 죽간, 비단이나 거북이 등딱지의 글 등과 같이 다양한 방법으로 문자나 그림을 새겨서 의사를 전달하였다. 특히 종이는 오래전에 발명되었지만 현재도 중요한 의사 소통 도구로 사용되고 있는데, 그 이유는 무엇일까?

종이는 물에 불려 얻은 식물의 섬유질을 얇고 평평하게 엉기게 하여 생산하는데, 고대

↳ 식물이나 해초류의 몸을 구성하는 세포막의 주성분(섬유소)

이집트에서 *파피루스(papyrus)라는 식물의 껍질을 벗겨 하얀 속을 얇게 찢은 후 엮어서 사용하기 시작한 것이 종이의 기원이라고 전해진다. 그러나 후세에 발명한 종이 제지 기술과는 관련이 없어 일반적인 종이의 기원이라고는 할 수 없다.

우리가 사용하는 종이는 중국 후한(後漢) 시대에 궁중 생필품을 관리하고 있던 채륜(蔡倫)이 최초로 발명하였다. 당시 사용하던 대나무나 천에 글씨를 적으면 글자가 번지는 등의 문제를 해결하기 위한 방법을 찾다가 나무 껍질, 식물, 고기를 잡는 어망 등을 원료로 하여 만들었다고 한다.

죽간(竹簡) 종이가 발명되기 전에 사용한 것으로, 대나무를 길쭉하게 잘라 겉면을 깎은 다음 끈으로 엮어서 글씨를 쓸 수 있도록 만들었다.

종이의 제작

사람이 직접 손으로 생산하던 종이는 현재 자동화된 기계로 대량 생산되지만 그 방법은 크게 다르지 않다. 종이는 나무나 식물에서 뽑아낸 재료인 펄프로 만들어지는데, 먼저 펄프를 만들기 위해서는 목재를 잘게 부수어 칩(chip)을 만든 후 여러 기계적·화학적 처리를 하여 식물체의 섬유를 추출한 것을 펄프(pulp)라고 하는데, 펄프는 섬유나 종이 등의 원료가 된다. 이러한 펄프로 종이를 생산하는 것을 제지(papermaking)라고 한다.

그런 다음 종이의 주원료인 펄프를 물에 풀어서 섬유 상태가 되도록 한 후, 첨가제를 잘 섞으면서 배합한 다음 불필요한 부분을 골라내어 종이를 만들기 위한 최종 재료를 만든

*

파피루스(papyrus) 영어 paper의 어원. 이집트의 나일 강 유역에서 자라는 여러해살이풀이다.

다. 이렇게 만들어진 것을 지료(paper stuff)라고 하는데, 이것은 종이의 품질을 결정하는 가장 중요한 부분이다. 지료를 뜰채를 이용하여 종이의 형태로 만들어 탈수, 건조 처리를 하면 종이가 된다. 제작된 종이는 광택, 평평한 정도, 백색도 등을 조정하는 작업을 거친 후 규격에 따라 재단하고 포장되어 종이를 필요로 하는 소비자에게 공급된다.

종이는 어떤 과정을 거쳐 만들어질까?
종이는 나무나 식물에서 뽑아낸 펄프를 재료로 하여 다음과 같은 제조 과정을 거쳐 만든다.

펄프 제조 나무를 잘게 분쇄, 정선하여 섬유를 추출하여 펄프를 만든다.
↳ 불순물을 제거하는 것

원료 조성 펄프를 화학 약품과 함께 물에 넣어 혼합하여 종이 원료를 만든다.

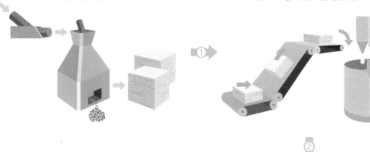

코팅 종이에 코팅 액을 바른다.

초지 종이를 떠서 건조하는 과정으로 종이 제작에 가장 중요한 부분이다.

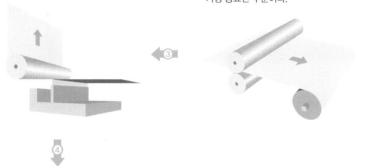

광택 코팅된 종이의 표면을 다림질하듯이 매끄럽게 광택 효과를 주고 압력을 가하여 두께를 조절한다.

절단 및 재단 재단하여 시트지 또는 롤지로 만든다.

| 종이의 제작 과정

미래의 종이, 전자 종이

최근 여러 기업에서 종이로 만든 도서를 대체하기 위해 다양한 종류의 전자 기기로 만든 전자 종이(e-paper) 디스플레이 기기를 선보이고 있다. 전자 종이는 노트북이나 스마트폰의 액정 화면과 같은 디스플레이(화면)를 구부리거나 휘게 하는 것이 가능하여 둘둘 말 수 있을 만큼 얇고 부드럽게 만든 것을 말한다.

전자 종이는 많은 분량의 콘텐츠를 저장할 수 있으며, 시간과 장소에 구애받지 않고 언제, 어디에서나 전자 서적을 구매하거나 대여해서 읽을 수 있는 장점이 있다. 게다가 기존의 휴대용 디스플레이에 비해 소비 전력이 적고, 독서하기에 적당한 크기의 화면과 무게를 가지고 있으며, 기존의 액정 화면에서처럼 썼다 지웠다를 반복할 수 있을 뿐만 아니라 반영구적으로 사용할 수 있다.

하지만 일반 종이책처럼 특정 부분의 페이지를 접거나 펜을 사용할 수 없으며, 책장을 넘기는 느낌을 완벽하게 구현하지 못해 종이책으로 독서를 하는 사람들에게 아직 익숙하지 않은 점 등은 앞으로 극복해야 할 과제이다.

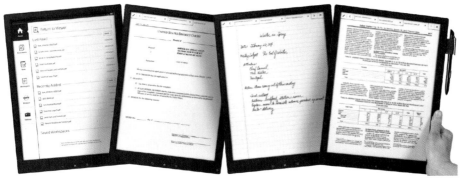

│ **전자 종이로 제작된 이북(e-Book)** 전자 종이는 이북(전자책) 이외에도 전자신문, 전자잡지 등의 개념으로 용용하여 사용할 수 있다. 아울러 스마트카드나 휴대 전화 등과 같이 차세대 모바일 단말기에도 폭넓게 적용할 수 있다.

│ **전자 종이 디스플레이** 종이처럼 사용할 수 있는 휴대용 디스플레이 장치로, 전자 장치의 종류나 성능에 따라서 검색 방법이나 속도, 저장할 수 있는 정보의 양 등이 달라진다. 현재 전자 종이는 기존의 액정 디스플레이(LCD)를 더욱 얇게 만들어 종이 효과를 내는 방식과 e-잉크(전자 잉크)에 작은 공 모양의 희고 검은 마이크로캡슐을 이용하는 방식 등 두 가지 원리를 중심으로 개발되고 있다.

○3 화약

우리는 큰 행사를 알리는 전야 행사나 새해를 맞이할 때, 그리고 나라의 경사스러운 날에 밤하늘을 알록달록 아름답게 수놓는 불꽃놀이를 볼 수 있다. 이렇게 화약을 이용한 불꽃놀이는 언제부터 시작되었을까?

고대 중국의 연금술사는 불로장생의 영약을 제조하는 비법을 찾던 중 우연히 초석, 황,
           🔗 구리, 납, 주석 등으로 금, 은 등을 만들고 나아가 늙지 않는 영약을 만들려고 하는 사람
                      🔗 신비스러운 효험이 있는 약   🔗 질산칼륨(KNO₃) 성분의 흰색 또는 회색 광물
숯을 꿀과 섞은 후 불에서 끓이면 특이한 성질을 가지는 물질을 발견하였다. 당시 연금술서 사본에는 "연기와 불꽃으로 손과 얼굴에 화상을 입고 집 전체가 불타 버렸다."라고 적혀 있는 것으로 보아 이들이 발견한 것은 영생을 위한 약이 아닌 인류 최초의 화약이었다. 또 다른 기록에는 9세기경 중국인들이 화약의 불꽃을 축제에서 사용하였는데, 이때 중국인들은 폭죽의 화려한 불꽃과 큰 소리가 나쁜 귀신을 쫓는다고 믿고 있다고 적혀 있다. 이렇게 시작된 불꽃놀이는 지속적인 기술의 발달로 지금은 하나의 멋진 예술 작품으로 발전하였다.

화약 질산칼륨을 주원료로 하는 화약은 숯과 같은 첨가물을 더하여 검은색을 띤다.

중국은 화약을 이용한 각종 화기를 발전시켰고, 원나라 대에는 화약과 화기 제조술이 실크로드(비단길)를 따라 이슬람 세계에 전해졌으며, 13세기 후반에
                      🔗 아시아와 유럽, 아프리카를 연결시켜 주는 동서 교역로
는 유럽에까지 알려지게 되었다. 그 후 유럽인들은 화약을 이용한 각종 무기들을 더욱 발전시켜 전쟁과 식민지 쟁탈전에 사용하였다.

아하 그렇구나

우리나라에서 화약은 언제, 어떤 목적으로 만들었을까?

우리나라 화약의 아버지 최무선은 고려 말 왜구를 막아내기 위해 화약의 필요성을 강력하게 주장하였으며, 중국에 이어 우리나라 최초로 화약을 제조하였다.

그는 일찍이 화약의 중요성을 알고, 화약 및 화기의 제조를 담당하는 화통도감을 설치하였다. 최무선의 업적을 바탕으로 조선은 뛰어난 화약 제조술을 보유할 수 있었고, 1448년(세종 30년)에는 로켓포의 일종인 신기전을 개발하게 되었다.
    🔗 로켓 추진 화살

| 조선 초기의 신기전(神機箭)

이탈리아의 화학자 아스카니오 소브레로(Ascanio Sobrero, 1812~1888)는 니트로글리세린의 폭발력을 알아냈는데, 이 물질에 충격이나 열을 가하면 폭발하는 성질이 매우 위험하겠다는 생각 때문에 연구를 중단하였다. 하지만 스웨덴의 공학자 노벨(Alfred Bernhard Nobel)은 이 물질로 운반·이용·보관이 비교적 안전한 폭약인 다이너마이트를 발명하여 상품화하였다.

| 다이너마이트

ThinkGen
인터넷에서 화약 관련 정보도 찾을 수 있을까?

화약은 불꽃놀이나 폭탄 제조를 위한 목적 이외에 터널을 파거나 광물 자원을 채굴할 때 폭파용으로 사용하였다. 또한 산의 암반이나 바다의 암초와 같은 장애물을 제거하거나 낡은 건물을 해체할 때와 같이 산업용으로도 많이 사용하고 있다.

| 세계 불꽃놀이 축제

| 아파트 발파 해체

아하 그렇구나

다이너마이트는 인류를 위한 발명품인가? 인류를 위협하는 발명품인가?

노벨은 큰 위험을 무릅쓰고 실험을 반복한 끝에 다이너마이트를 발명하였다. 그는 니트로글리세린을 규조토에 스며들게 한 뒤 건조시켜 안전한 고체 형태의 폭약인 다이너마이트를 발명하였다.

이후 1867년과 1868년에 각각 영국과 미국에서 다이너마이트 관련 특허를 따냈다. 계속해서 더 강력한 폭약을 만드는 실험을 거듭한 끝에 폭발성 젤라틴을 개발하여 1876년에 또 특허를 취득하였다. 이 제조법으로 특허를 받은 노벨은 사업가로 많은 돈을 벌었지만, 다이너마이트를 사용하면서 예기치

| 노벨

못하게 많은 사람이 안타깝게 희생되면서 노벨은 '사람을 죽이는 상인'으로 비난을 받기도 하였다. 1896년 숨을 거둔 후 과학의 진보와 세계 평화를 염원한 그의 유언에 따라 인류를 위해 기여한 사람에게 수여하는 노벨상이 제정되었고, 1901년 이후 노벨상 제도가 시행되고 있다.

04 섬유

　옷은 먹거리, 잠자리와 함께 인간 생존의 기초적인 요소이다. 옷은 사람의 신체를 보호하기 위한 기본적인 목적과 더불어 직업을 나타내거나 개성을 표현하기 위한 목적으로 사용된다. 기술이 발달함에 따라 옷을 만드는 재료와 방법이 변하면서 현재는 다양한 형태의 옷들이 생산되고 있는데, 옷의 재료인 섬유는 어떻게 발달되어 왔을까?

　신석기 시대의 유물로 뼈바늘과 실을 뽑는 도구인 방추차(가락바퀴)가 발견된 것으로 보아 이 시대부터 사람들이 옷을 만들어 입었음을 알 수 있다. 그 당시의 사람들은 주변에서 구하기 쉬운 재료를 사용하여 옷을 만들었다.

　이처럼 인간은 주변 환경에 따라 다양한 재료를 사용하여 옷을 만들어 입었는데, 실을 만드는 방적기와 만들어진 실을 사용하여 옷감을 만드는 방직기가 발명되면서 그 방법과 재료가 빠르게 발달하기 시작하였다.

　옷감을 짜기 위한 실을 만들기 위해서는 가늘고 긴 섬유가 쓰이는데, 섬유는 크게 천연 섬유와 인조 섬유로 나눌 수 있다.

| 실을 뽑는 방적기

　자연에서 얻을 수 있는 천연 섬유로는 실을 만들기에 적합한 형태의 물질을 가진 면화, 아마 등의 식물 섬유와 견, 양모 등의 동물 섬유가 있다.

↖ 누에고치에서 뽑은 섬유

　또 인공적으로 만들어지는 인조 섬유는 석탄이나 석유의 부산물을 합성하여 섬유로 사용하기 알맞은 형태로 만드는데, 대표적인 합성 섬유로는 나일론, 비닐론, 테트론 등이 있다.

| 비단의 원료가 되는 고치를 생산하는 누에

지금 우리가 입는 옷의 대부분은 공장에서 대량 생산된 제품으로, 옷을 생산하는 과정을 살펴보면 다음과 같다.

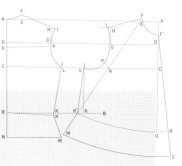
| 옷 패턴

상품 기획
/디자인 하기

• 상품 기획자와 디자이너는 시장 조사를 통해 정보를 수집·분석한다.
• 구체적인 옷의 소재와 디자인을 결정한다.

샘플 제작
/품평회

• 특정 원단과 염색 과정을 거친 소재와 디자인으로 샘플을 제작한다.
• 제작된 샘플을 놓고 디자인·제작·판매를 담당하는 전문가들이 모여 품평회를 개최한다.
• 품평회를 통해 제품으로 만들 스타일을 결정하고, 소비자의 요구를 파악하여 개선점을 찾은 후 생산 수량을 결정한다.

생산

• 생산할 제품이 결정되면 옷감을 일정하게 자르기 위한 패턴(옷본)을 제작한다.
• 패턴을 기본으로 하여 다양한 사이즈의 옷감을 재단하고 봉제하여 옷을 생산한다.

| 옷을 생산하는 과정

아하
그렇구나

고어텍스(goretex)의 특징은 무엇일까?

고어텍스(goretex)는 미국 듀폰사의 고어(W. L. Gore)가 발명한 방수, 방풍, 투습 기능을 가진 원단을 말한다. 이 원단으로 만든 옷은 바람과 비를 막아 주고 사람의 몸에서 발생하는 수증기를 밖으로 내보내어 따뜻함을 유지할 수 있도록 한다. 고어텍스는 두 겹 또는 세 겹으로 구성되어 있는데, 나일론 원단에 불소 수지막을 코팅한 후 필요에 따라 망사 원단을 더한 소재를 사용한다.

불소 수지막에는 수많은 구멍이 있는데, 외부의 물 분자는 이 미세한 구멍을 통과하지 못하지만, 내부의 땀은 수증기 분자로 빠져나갈 수 있는 원리를 이용한 것이다.

수분 증발
(땀)

습기
(빗물, 진흙 등)

겉감

보호 직물

Goretex
*멤브레인

내부 안감

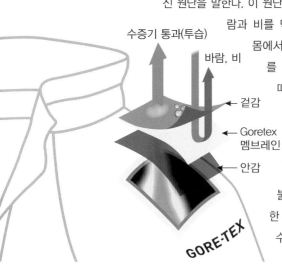

수증기 통과(투습)

바람, 비

겉감

Goretex
멤브레인

안감

GORE-TEX

*

멤브레인 1 inch² 당 직경 0.2 ㎛의 구멍이 90억 개 정도 뚫려있는 얇은 막으로 방수 기능이 뛰어나다

최근의 섬유 기술은 단순히 실을 만들고, 옷감을 만들어 옷을 생산하는 산업에 한정되지 않는다. 이를테면 과학 기술과 섬유 기술을 융합하여 여러 형태의 고기능성 섬유 재료를 개발하고 있다.

특히 우주·항공 산업 분야에서는 비행기와 우주선의 몸체를 만드는 데 섬유를 사용한 복합 재료가 널리 이용되고 있다. 또한 지름이 수십에서 수백 나노미터(1나노미터=10억분의 1m)의 아주 작은 크기에 불과한 초극세사인 나노 섬유는 피부처럼 부드럽고, 종이보다 가벼우며, 박테리아 등을 선택적으로 차단할 수 있는 의료용 제품으로도 개발되고 있다.

가까운 미래에는 특수한 소재의 섬유 속에 컴퓨터 칩을 삽입하여 전기 신호나 데이터를 전송할 수 있는 웨어러블 컴퓨터(wearable computer)를 장착한 모습을 만나 보게 될 것이다.
옷, 시계, 안경 등과 같이 착용할 수 있는 형태로 된 컴퓨터

| 디스플레이 기능이 있는 섬유

아하 그렇구나

우리나라의 섬유 산업은 어떻게 변화되어 왔을까?

우리나라에서 섬유 산업은 노동력 중심의 산업이었다. 1960년대부터 저렴한 노동력을 바탕으로 발전하기 시작하였으며, 1970년대에는 섬유 산업 관련 수출품이 급격하게 늘어나면서 우리나라 수출의 많은 부분을 차지하기도 하였다. 하지만 1980년대부터 인건비 및 원자재와 에너지 비용의 상승으로 경쟁력이 떨어지면서 어려움을 겪게 되었다.

이후에는 제품 개발에 힘써 노동력 중심의 제품을 생산·수출하는 형태의 산업에서 고기능성 제품과 친환경 섬유, 디자인 중심의 제품을 개발하는 형태로 발전하고 있다.

| 1970~1980년대 섬유 공장의 내부 모습

05 의약품

    왕자와 공주가 나오는 동화에서는 누군가 병에 걸렸을 때 마법사를 찾아가 병을 낫게 해 주는 신비한 약초를 얻곤 한다. 이러한 이야기에는 의사보다 마법사가 많이 등장하는 것으로 보아 오래 전에는 병을 고치는 것이 과학적이라기보다 신비한 일이었던 것 같다. 신비한 비법이 어떻게 오늘날의 의약품으로 발전되었을까?

    짐승들은 상처를 입거나 질병을 예방하기 위해 본능적으로 특정 약초를 뜯어먹는다고 한다. 인간도 이와 비슷한 방법으로 오래전부터 풀이나 나무에 대한 지식과 경험을 쌓으면서 병을 고치는 약에 대하여 알게 되었다.

    옛 선조들은 민간에서 전해 내려오는 다양한 질병의 치료법을 정리하여 의약서로 만들었다. 기원전 250년경 중국의 「신농본초경」에는 365종의 약물을 약효에 따라 설명한 내용이 수록되어 있고, 그중 많은 것이 현대에도 쓰이고 있다. 대표적인 것이 진통제로 쓰이는 모르핀(morphine)인데, 이것은 양귀비에서 진통 작용이 있는 성분을 뽑아 만든 것이다.

| 여러 가지 약재들

    이렇게 발달된 약은 병원이나 약국에서 아픈 몸을 치료하거나 질병을 예방하기 위하여 처방해 주거나 판매하는데, 먹는 것, 주사하는 것, 바르거나 붙이는 것 등 여러 형태로 발전되고 있다.

아하 그렇구나

세계 유산으로 거듭난 「동의보감」은 언제 만들어졌을까?

동의보감은 조선 시대 궁중 내의였던 허준이 선조의 명에 따라 편찬한 의서이다. 이것은 선조 29년(1596년)부터 우리나라와 중국의 의서를 모아 엮어 광해군 2년(1610년)에 완성한 것으로, 내·외과 등의 전문과별로 나누어 각 병마다 진단과 처방을 내려 기록한 것이다. 동의보감은 광해군 5년(1613년) 훈련도감에서 간행되었으며 25권 25책으로 구성되었다. 2009년 유네스코 세계 기록 유산으로 지정되었다.

질병의 연구

프랑스의 화학자이자 세균학자인 파스퇴르(Louis Pasteur)는 미생물이 발효와 질병의 원인이 된다는 것을 증명하였으며, 광견병·탄저병 등에 대한 백신을 처음으로 개발하여 사용하였다.

18세기 후반 산업 혁명과 함께 기초 과학이 발전하면서 질병에 대한 다양한 연구가 시작되었는데, 당시에는 바이러스나 미생물에 의한 질병은 치명적이었기 때문에 새로운 약품 개발에 대한 사람들의 바람은 절실하였다.

| 백신 질병에 걸리는 것을 사전에 막기 위해 이용되는 물질로, 독성이 제거되거나 그 성질을 약화시킨 항원(감염에 대항하는 백혈구인 림프구에 부착될 수 있는 외부 물질)을 말한다.

1796년 제너(Edward Jenner)는 *천연두를 막기 위해 우두를 만들어 최초로 예방 접종을 하였다. 이후 균의 독성을 약화시켜 주입하면 우리 몸에 면역력이 생긴다는 사실이 밝혀지면서 광견병, 홍역, 풍진, 볼거리, 소아마비 등의 예방 백신이 계속해서 개발되었다. 그에 비해 미생물을 직접 억제하거나 죽이는 항생제를 찾는 일은 쉽지 않았다.

1928년 영국의 플레밍이 푸른곰팡이에서 우연히 발견한 페니실린은 인류 최초의 항생제로, 페니실린 덕분에 수많은 사람이 목숨을 구할 수 있었다. 인체에 비교적 해롭지 않은 항생 물질인 페니실린의 발견은 역사적으로 대단한 사건이었다.

| 의학 기술과 함께 과학 기술의 발달로 다양한 질병이 정복되기 시작했다.

아하 그렇구나

기적의 약물 페니실린은 어떻게 발견했을까?

영국의 플레밍(Alexander Fleming)은 곰팡이로부터 항생제의 답을 얻었는데, 이 방법은 곰팡이를 기른 후 배양액을 희석하여 균의 번식을 억제하는 것이다. 그는 곰팡이가 생산해 내는 어떤 물질이 세균의 번식을 방해하는 강력한 항균 작용을 나타낸다는 점을 알아냈는데, 그 물질이 바로 페니실린(penicillin)이었다. 1941년 패혈증으로 회복이 어려운 환자에게 페니실린을 투여하여 그 효과가 입증되었으며, 제2차 세계 대전 중에 상용화되

| 곰팡이의 배양

었다. 이러한 공로로 페니실린의 개발자인 플레밍, 상용화에 성공한 플로리(Howard Walter Florey)와 체인(Ernst Boris Chain)은 1945년 노벨 생리의학상을 수상하였다.

---

*천연두 바이러스 전염병으로 우리나라에서는 '마마' 또는 '두창'이라고 하였고, 1879년에 지석영이 병을 막기 위해 종두를 처음으로 도입하였다.

천연두의 예방 접종

신약 개발

인간의 평균 수명은 지속적으로 늘어나 2050년에는 120세에 이를 것이라고 한다. 이처럼 수명이 늘어난 데에는 제약의 발달이 큰 역할을 하였다. 그러면 새로운 의약품은 어떻게 개발될까?

신약 개발 연구소에서는 수만 개의 화학 물질이 인간에 끼치는 영향에 대한 정보를 가지고 있는데, 이 정보를 바탕으로 약효를 가진 물질을 찾아내거나 합성하여 만들어 낸다. 그러므로 다양한 종류의 물질을 확보하고 그 성질을 알고 있으면 신약 개발에 유리하다.

과학자들은 다양한 실험을 통해 특정 물질이 질병 치료에 효과가 있을 가능성이 발견되면,

| 제약회사에서 대량으로 생산되는 약

먼저 동물 실험을 실시하여 약물의 효능과 안전성을 평가한다. 이후 식품의약품안전처의 허가를 받아 소수의 사람들에게 여러 차례 임상 시험을 거친 후 효과와 안정성이 입증되면 대중에게 판매한다.

✎ 새로 개발한 약물이나 시술 방법, 의료 기기 등을 사람에게 직접 적용하여 연구하는 과정

이처럼 새로운 물질을 탐색하여 찾아내는 단계부터 실제로 사람들한테 적용되는 데까지 이르려면 많은 시간과 자본이 필요하다. 현재 우리나라도 신약 개발을 위해 많은 노력을 기울이고 있다.

특히 암은 사람들에게 많이 발생하는 질병 중 하나이다. 많은 의학자와 과학자들은 여러 가지 암을 극복하기 위하여 암세포를 제거하거나 암세포를 다시 정상적인 세포로 바꾸는 약을 개발하기 위하여 끝없이 노력하고 있다.

ThinkGen
의약품 개발을 위하여 동물 실험을 하는 것이 과연 바람직한 일일까?

1 후보 물질 추출
2 동물 실험 세포 실험
3 1상 임상 시험
4 2상 임상 시험
5 3상 임상 시험
6 4상 임상 시험

| 신약 개발 과정

신종 플루 백신의 생산 과정

우리를 신종 플루(또는 인플루엔자) 바이러스에 의한 급성열성 감염 질환으로부터 지켜 주는 백신은 다음과 같은 절차에 의해 공장에서 대량으로 생산되고 있다.

유정란은 신종 플루 바이러스를 증식하는 배지로 쓰이고 있는데, 여기서 유정란을 사용하는 이유는 유정란이 세포 분열을 할 때 바이러스가 함께 증식하는 것을 이용하기 위해서이다.

↪ 세균의 조직을 배양하기 위해 사용하는 액체나 고체 상태의 혼합물

↪ 암탉과 수탉의 짝짓기로 나온 달걀

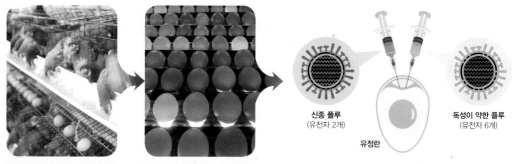

신종 플루 (유전자 2개)

유정란

독성이 약한 플루 (유전자 6개)

❶ 백신 생산을 위해 외부와 격리된 깨끗한 양계장에서 항생제나 백신을 투약하지 않은 유정란들을 얻는다.

❷ 건강한 유정란을 부화기에 9~11일간 넣어 세포 분열이 충분히 일어나도록 한다.

❸ 유정란의 윗부분에 신종 플루 균주를 접종한 후 3일간 부화를 진행한다. 이 과정에서 유정란 속에서는 바이러스도 함께 증식하면서 양이 크게 늘어난다.

❹ 유정란의 윗부분을 잘라낸 뒤 바이러스를 채취한다.

❺ 원심 분리기로 유정란에서 바이러스 입자만 분리하고 정제된 바이러스의 독성을 약하게 하거나 사멸시켜 백신 원액을 생산한다.

❻ 원액을 알맞을 용량으로 희석하여, 백신을 제조한 후 유리병에 담아 보관했다가 보건소와 병원에 공급한다.

❼ 사람들에게 예방 접종을 한다.

06 렌즈

연이나 새, 동물 등을 주제로 하는 다큐멘터리를 보면 카메라나 비디오 기기로 촬영할 때 렌즈 크기가 남다른 것을 볼 수 있다. 사진작가들도 사진을 찍을 때 렌즈를 바꿔가며 작품을 찍는다. 왜 그럴까?

렌즈(lens)는 유리와 같이 투명한 물질의 면을 둥글게 갈아 빛을 모으거나 반사시켜 상을 맺게 하는 제품으로, 최초의 렌즈는 수정이나 석영 등을 갈아서 만들어 그것을 통해 물체를 보면 확대하여 볼 수 있었다고 한다. 현대에 이르러 렌즈는 보통 유리나 플라스틱으로 만들어지는데, 그 종류에는 볼록 렌즈와 오목 렌즈부터 용도에 따라 안경 렌즈, 확대경, 카메라 렌즈 등이 있다.

가운데는 얇고 바깥쪽이 두꺼워 빛을 발산시킨다.
가운데가 두꺼워 빛을 모은다.
사진 기술을 이용하여 볼록판·평판·오목판 등 인쇄용 판면을 만드는 방법

세계 최초의 사진은 1820년대에 프랑스의 사진 제판 발명가 니에프스(Joseph Nicephore Niepce)가 창밖 풍경을 찍은 것으로, 사진은 19세기 초의 위대한 발명품 중 하나로 손꼽힌다. 당시 카메라에 적용된 렌즈 기술로는 인물을 촬영할 때 모델이 카메라 앞에서 오랫동안 움직이지 않고 있어야 했는데, 그렇지 않으면 몇 개의 상이 겹쳐 사람의 형체를 분간할 수 없는 사진으로 촬영되었기 때문이다.

구멍의 크기가 작을수록 맺히는 상이 선명해 진다.

암상자

| 사진기의 기원이자 카메라의 어원이 된 카메라 옵스큐라
라틴어로 '어두운 방' 이라는 뜻의 광학 장치

이처럼 선명한 사진을 얻기 위해서는 렌즈가 중요한데, 렌즈의 중요한 기능은 선명한 화상이 필름에 맺혀 좋은 화질의 사진을 얻는 데 있으며, 초점 거리, 밝기, 화각 등에 따라 그 종류가 매우 다양하다.

카메라에 부착된 렌즈를 통해 한 번에 볼 수 있는 각도

표준 렌즈
화각이 인간의 시각과 비슷해서 가장 자연스러운 사진을 얻을 수 있다.

광각 렌즈
초점 거리가 짧고 화각이 60° 이상인 렌즈. 표준 렌즈보다 화각이 넓어 더 넓은 범위를 촬영할 수 있다.

망원 렌즈
표준 렌즈보다 초점 거리가 긴 렌즈. 멀리 있는 물체도 실제보다 가깝게 보이게 한다.

어안 렌즈
화각이 180° 이상인 초광각 렌즈. 물고기 눈으로 사물을 보는 것처럼 원형으로 나타나기 때문에 어안렌즈라고 한다.

줌 렌즈
하나의 렌즈로 초점 거리를 다양하게 변화시킬 수 있다.

| 다양한 카메라 렌즈

사람의 눈으로 볼 수 있는 물체 크기의 한계는 대략 0.1mm이다. 따라서 사람의 눈으로는 볼 수 없을 만큼 아주 작은 물체나 물질, 이를테면 바이러스나 박테리아처럼 인체에 질병을 일으키는 아주 미세한 생물들은 렌즈가 장착된 현미경을 통하여 관찰할 수 있다.

1880년대 독일의 광학 기술자인 칼 자이스(Karl Zeiss)가 렌즈 가공 기술을 개발하면서부터 현미경의 성능이 급속도로 향상되었다. 이후 의학, 재료, 금속, 신소재, 환경 등 수많은 분야에서 현미경을 사용하여 눈부신 성과를 거두게 되었고, 최근에는 반도체와 신소재 분야에서 표본의 미세 구조를 관찰하고 측정하는 데도 쓰이고 있다.

망원경은 렌즈나 거울 등을 이용하여 멀리 있는 물체를 크고 정확하게 볼 수 있도록 만든 장치로, 광학적 특성에 따라 렌즈를 사용한 굴절 망원경과 반사경으로 빛을 모으는 방식을 사용한 반사 망원경으로 분류된다. 그 외 사람의 눈으로 볼 수 없는 태양이나 우주, 감마선, X선, 자외선, 전파 등을 볼 수 있게 한 특수 망원경이 있다. 다양한 렌즈의 개발과 함께 망원경 제작 기술이 발전하면서 다양한 목적의 망원경이 개발되고 있는데, 1990년 미국 항공 우주국(NASA)이 쏘아 올린 허블 우주 망원경(Hubble Space Telescope)은 길이가 13m, 렌즈의 크기는 2.4m로 지구 상공 610km 고도의 궤도에서 약 97분에 한 번씩 지구를 돌면서 천체를 관측하고 있다.

| 장엄한 우주를 촬영하여 사람들에게 감동을 주는 허블 우주 망원경

아하 그렇구나

갈릴레오 갈릴레이

이탈리아의 물리학자·천문학자인 갈릴레오 갈릴레이(Galileo Galilei, 1564~1642)는 새로 고안한 망원경을 발명하여 하늘을 관측하였고, 코페르니쿠스가 주장한 지동설을 설명할 만한 여러 증거를 수집하여 태양계의 중심은 지구가 아니라 태양임을 밝혔다. 그의 연구 성과에 대하여 많은 반대가 있었기 때문에 종교 재판에 회부되어 지동설의 포기를 명령받았지만, 저서 「황금 측량자」를 통하여 자신의 연구 결과를 주장하였다.

| 갈릴레오 갈릴레이

렌즈 제작 방법

렌즈 제작에 쓰이는 재료는 광학 유리이다. 광학 유리는 천연 원자재인 석영, 탄산칼륨, 탄산 소다 등을 틀에 넣고 1200~1500℃로 용해한 후 틀에 부은 후 유리의 기포를 제거하면서 천천히 냉각하는 과정을 거쳐 제작된다. 제작된 유리판은 유리의 변형·굴절률 등을 조절하는 공정을 거쳐 작은 유리 블록으로 자르고 재가열한 후 틀에 넣고 압력을 가하여 원하는 형상으로 만들게 된다.

광학 유리는 크기와 무게 초점 등에 관한 설계와 연삭, 연마, 코팅 등의 제조 과정을 거쳐 다양한 형태의 렌즈로 생산된다.

ThinkGen

시력이 좋지 않은 사람에게 사용되는 렌즈에는 어떤 종류가 있을까?

| **연삭(generating)** 커브 제너레이터를 사용하여 렌즈 표면을 알맞게 가공한다.

| **연마(polishing)** 오목하고 볼록한 연마틀에서 지정한 곡률로 렌즈의 표면을 가공한다.

| **코팅(coating)** 투과율과 변색을 방지하기 위하여 진공에서 렌즈에 코팅용 액막을 생성시킨다.

아하 그렇구나

안경 렌즈의 발전은 어디까지?

렌즈를 사용하는 제품 중 안경은 볼록 렌즈나 오목 렌즈를 사용하여 시력을 교정한다.

귀에 안경 다리를 걸어 사용하는 안경은 1730년경부터 사용되었으며, 18세기 후반에는 가까운 곳과 먼 곳을 동시에 잘 보이게 하는 다중 초점 렌즈가 발명되었다. 또 1940년대에는 눈의 각막에 직접 붙여서 사용하는 콘택트렌즈가 개발되었고, 1970년대에 바슈롬(Bausch and Lomb)사가 부드러운 성질을 지닌 재질로 렌즈를 만들었다.

이후 많은 업체에서 다양한 재료를 활용한 렌즈를 연구·개발하면서 콘택트렌즈도 대중화되기 시작하였다.

| 콘택트렌즈

07 시계

시계가 없었던 시대의 사람들은 해의 위치나 그림자의 길이, 별자리 등과 같이 자연을 통해 시간을 짐작하였다고 한다. 그럼 오늘날과 같은 기계식 시계는 언제 처음 만들어졌을까?

정확한 시간을 나타내는 장치가 없던 시대에는 모래를 담은 통으로 만든 모래시계, 해의 움직임에 따라 변하는 그림자의 위치로 시간을 알 수 있는 해시계, 물의 흐름을 이용하여 시간을 측정하는 물시계 등을 통해 시간을 알 수 있었다. 또, 기후의 변화와 달·별의 움직임으로 계절과 시간의 변화를 예측하였지만 정확하지 않았으며, 상황에 따라 사용이 제한적이었으므로 불편하였다. 이러한 불편은 기계의 발달과 함께 등장한 시계가 개발·보급되면서 개선되었다.

그러나 일반인들이 시계를 휴대하고 시간을 확인하며 생활한 것은 그리 오래 되지 않았다. 시계를 제작하기 위해서는 정밀한 기계 부품들이 사용되는데, 14세기까지만 해도 당시의 기술로는 개인이 휴대하기 위한 시계는 제작하기가 쉽지 않아서

| 기계식 시계 내부 구조

사람들이 많이 모이는 광장이나 기차역 등 공공 장소에 한하여 대형 시계를 설치하였다.

아하 그렇구나

하루를 왜 24시간으로 정했을까?

우리는 오전과 오후를 각각 12시간으로하여, 하루를 24시간으로 정한다. 이러한 규칙은 고대 메소포타미아 인들이 해가 황도를 한 바퀴 도는 운행을 고려하여 1년을 정하고, 12로 나누어 사용한 것에서 시작되었다. 이때 12로 나눈 이유는 1년 동안 12번 달이 차고 기울어지기 때문이다.

또한 동양에서 사용하는 시간인 12간지도 자시(子時)를 기준으로 12진법을 사용하는 등 전 세계적으로 하루를 24시간으로 나누어 사용하는 데 영향을 주었다.

| 별자리는 시간을 정하는 기준이 되었다.

1500년경에는 독일의 뉘른베르크를 중심으로 시계 제조와 연구가 활발해지면서 태엽을 이용한 휴대용 시계가 등장했지만 하루에 15분 이상 오차가 발생하는 것이 일반적이었다.

1582년 근대 과학의 아버지 갈릴레오 갈릴레이가 밝힌 진자의 주기에 대한 이론을 바탕으로 1656년 네덜란드의 과학자 호이헨스(Christiaan Huygens)가 오차를 줄인 진자시계를 발명하면서 정확한 시계의 기반이 마련되었다. 이후 비약적인 발전을 거듭하면서 1926년에는 방수시계가, 1957년에는 전지손목시계가 등장했다.

이후, 1960년대 말 전자식 쿼츠(quartz) 기술의 발명으로 시계의 크기가 작아지고, 제작 비용이 줄어들면서 개인이 휴대할 수 있는 시계가 생산되기 시작하였으며, 현재는 작은 손목 시계 하나에 수많은 기능이 담긴 시계가 만들어지고 있다.

시계가 대중화되면서 시계는 단순히 시간을 표시하는 기능뿐만 아니라 개인의 취향을 나타내는 액세서리로 발달하였다. '초'보다 더 작은 단위의 경과 시간을 잴 수 있는 스톱워치 그리고 온도·고도를 함께 측정하

| 쿼츠 시계 내부 구조 쿼츠 시계는 태엽이 아닌 배터리를 통해 수정 진동자에 전압을 공급하고, 일정하게 진동하는 것을 이용하여 시계를 작동시킨다. 쿼츠 기술은 손목시계, 벽시계, 괘종시계 등에 널리 사용되고 있다.

거나 물 속에 시계가 들어가도 안전한 방수 기능과 같은 보조 기능을 가진 제품들을 선보이기 시작하였다.

오늘날 정보 기술의 발달로 많은 업체에서 생산하는 스마트워치는 다양한 기능을 추가한 새로운 개념의 시계로, 개인의 건강을 체크하는 기능부터 운동을 관리하는 기능, IT(전화 통화, 문자 메시지 확인, SNS, 음악 재생 등) 기능을 포함하고 있다. 이러한 장치들이 앞으로 우리의 삶을 또 어떻게 변화시킬지 시계의 변신이 기대된다.

| 다양한 스마트워치

08 자동차

운전자가 원하는 목적지를 입력하면 자동차가 알아서 목적지까지 찾아가는 등 영화에서나 볼 수 있었던 최첨단 기능을 가진 자동차가 조만간 개발되어 실용화되지 않을까? 만약 그렇게 된다면 사람들의 생활은 어떻게 달라질까?

19세기에는 백열전구, 전화기, 증기선 등 다양한 제품이 발명되었는데, 현재 우리가 너무도 편리하게 타고 다니는 자동차도 그 중 하나이다. 자동차의 대중화로 이동 시간이 줄고 생활 공간이 넓어지면서 인류의 삶에 많은 변화를 가져왔다. 우선, 자동차가 안전하게 달릴 수 있는 평평한 도로와 교통의 원활한 흐름을 위하여 신호등이 만들어졌고, 차량에 연료를 공급하기 위하여 주유소가 들어섰다. 그리고 먼 거리를 쉽게 이동할 수 있게 되면서 수송이 쉬워졌고 이에 따라 경제가 발달하면서 개개인의 삶의 질도 크게 향상하였다. 하지만, 이와 함께 수많은 사고와 매연의 증가 등으로 인한 환경 오염과 같은 문제도 발생하고 있다.

자동차의 동력 전달 장치는 여러 차례 변화를 겪었다. 증기 기관을 거쳐 1890년대 독일의 칼 벤츠(Karl Friedrich Benz)가 개발한 가솔린을 사용하는 내연 기관은 자동차를 작고 강력한 형태로 발전시켰다.
⌒ 엔진에서 발생된 움직이는 힘을 구동 바퀴에 전달하기 위한 장치

이후 20세기 초 미국의 헨리 포드(Henry Ford)는 저렴한 가격의 자동차를 생산하기 위해 자동차의 단순화, 부품의 표준화, 이동 조립법을 개발하여 대량 생산 방식을 도입하였다. 그 결과, 많은 사람이 자동차를 구입하고 운행할 수 있게 되었다.

자동차를 제작하는 과정은 '디자인 설계 → 엔지니어링 → 테스트 → 제조 공정 → 주행 테스트'로 구분된다.
⌒ 완성된 자동차의 시험 주행
⌒ 자동차를 만들어 내는 과정

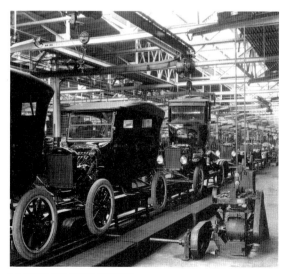

| 초창기의 포드 자동차 생산 라인

자동차의 제조 공정 7단계

자동차를 대량 생산하는 과정 즉, 제조 공정은 '주조, 프레스, 엔진 조립, 차체 조립, 도장, 조립, 검수'로 나눌 수 있다. 자동차를 제작하는 데 필요한 수많은 부품은 각각의 기능을 하면서 서로 긴밀하게 움직이며, 여러 공정은 유기적으로 관리된다.

1 주조

금속 재료를 녹여 생산될 제품의 형태로 성형시켜 엔진, 실린더 블록 등 복잡한 형태의 부품을 생산하는 공정이다.

| 실린더 블록

2 프레스

상하운동을 하는 고압 프레스 기계에 금형을 장착한 후 강한 압력으로 철판을 변형시켜 패널을 제작하는 공정이다. 프레스 공장에서는 큰 힘을 가할 수 있는 프레스 기계로 철판을 눌러 자동차의 몸체를 만든다. 자동차 생산에서 가장 많은 부분을 차지하는 재료는 강판으로, 일정한 형태의 부품을 만들기 위해 금형을 사용한다.

금속으로 만든 거푸집 🦋

| 완성된 패널

3 엔진 조립

자동차의 심장이라고 할 수 있는 엔진 제작을 위해 기계 가공 및 부품을 조립하는 공정이다.

| 자동차 엔진

4
차체 조립

프레스 가공으로 만든 패널들을 조립하거나 용접하여 차의 모양을 만들고, 높은 정밀도와 안전성을 확보하는 중요한 공정이다.
이 공정은 운전자의 안전과 연관되는 자동차의 강도에 큰 영향을 미치기 때문에 고가의 자동화 장비를 이용하여 여러 차례 다양한 검사를 진행한다.

| 로봇을 이용한 자동차 용접

5
도장

소재를 부식으로부터 보호하고 아름다운 색채로 외관을 꾸미고 다른 차량과 구별하기 위한 페인팅 작업을 한다.
고객이 원하는 색상으로 칠한 자동차는 건조기에서 일정한 온도로 가열하여 도장 품질을 높인다.

| 자동차에 색깔을 입히는 도장 작업

6
조립

차체에 실내외 부품을 장착하고 기계 부품을 조립하며 전장 부품과 배선, 배관 작업을 함으로써 차량을 완성

✎ 전기 장치의 외형 설계나 전기 회로를 설계할 때 필요한 부속품

하는 최종 공정이다.
차체가 컨베이어 벨트를 이동하면서 각 공정을 통해 완성차로 조립된다.

| 사람이 직접 조립하는 과정

✎ 물이 새는지를 알아보는 검사

7
검수

조립을 통해 완성된 차량을 수밀 검사와 기능 검사를 수행하여 각종 성능과 안전을 최종 검수하는 과정이다.

| 자동차 성능과 안전을 검수하는 과정

전기 자동차

현재 운행 중인 많은 자동차는 화석 연료를 사용하고 있다. 이렇게 화석 연료를 이용하는 자동차는 산업 발달과 경제 수준이 향상되면서 자동차 보급 또한 급격하게 증가함에 따라 이산화탄소 배출과 배기가스 배출로 인한 대기 오염이 발생하는 등 많은 환경 문제를 일으키고 있다. 이러한 문제를 해결하기 위한 방안으로 새로운 친환경 자동차 개발에 많은 연구가 이루어지고 있다.

전기 자동차는 내연 기관 자동차에 비해 차량 구조가 간단하고 무게가 가벼워 에너지 효율이 좋고, 유해 가스를 배출하지 않는 장점이 있다. 전기 자동차는 오래 전부터 제작되었지만 가격이 비싸고, 긴 시간에 걸쳐 충전하는 것에 비해 주행 거리가 짧다는 등의 문제로 내연 기관 자동차의 빠른 보급에 비해 널리 사용되지 못했다. 하지만 최근 환경 오염 문제와 불안정한 유가 문제가 부각되고, 전기 자동차에 사용되는 *축전지의 무게나 충전 시간과 방법 등 기술적 한계를 극복하는 기술 개발이 진행되면서 전기 자동차의 대중화가 곧 실현될 것으로 보인다.

ThinkGen
전기 자동차의 원료인 전기도 발전소에서 생산되는데, 정말 환경을 보호하는 효과가 있을까?

| 전기 충전소에서 충전 중인 전기 자동차

* 축전지 충전과 방전을 반복할 수 있는 전지. 화학 반응을 통해 외부의 전기 에너지를 생산 또는 저장해 두었다가 필요할 때 사용하는 전지를 말한다.

세상에서 가장 비싼 인형 더미

자동차는 사고에 대비하여 안전하게 제작되어야 한다. 탑승자의 안전을 위해 자동차의 자재부터 각 부분의 설계, 안전 장치 등이 끊임없이 개발되고 있다. 그러한 노력 중 하나로 실제 자동차 충돌 실험을 실시하는데, 이때 탑승자가 받는 충격을 측정하기 위해 인간의 신체를 그대로 흉내 낸 인체 모형인 더미(dummy)를 사용한다.

자동차 충돌 실험에 더미가 등장한 것은 1950년대 후반으로, 더미의 갈비뼈는 사람의 실제 뼈와 비슷한 탄성을 가진 금속으로 만들고, 머리는 알루미늄으로 제작하며 발포 고무로 만든 피부를 덮어 마무리한다. 더미는 남성용, 여성용, 임산부용, 성인용, 유아용 더미 등이 있으며, 1회용 소모품이 아닌 교정과 수리 과정을 거쳐 반영구적으로 사용할 수 있다. 더미 실험을 실시할 때는 더미의 머리, 목, 가슴, 복부, 골반 등에 가속도 센서, 힘 센서 등을 부착하고, 실험 후에는 센서와 손상된 더미에서 자료를 수집한다. 수집된 자료는 자동차의 안전도를 측정하는 기준과 더 안전한 자동차를 개발하기 위한 자료로 사용하고 있다.

| 더미

더미를 이용한 자동차 충돌 실험

FO3712VG71

FO3712VG71

FO3712VG71

09 레이더

전쟁영화에서 헤드폰을 쓴 군인이 초록색 스크린을 관찰하는 모습이 자주 등장한다. 바로 아군이나 적군의 움직임을 살피는 레이더 스크린이다. 2차 세계대전에서 엄청난 활약을 한 레이더가 최근엔 자동차에도 사용된다고 하는데, 그 역사와 원리를 알아볼까?

현대는 각종 정보가 넘쳐나는 정보 사회이다. 사람들은 전파를 이용하여 세계 곳곳에 있는 사람들과 수많은 정보를 공유하고 소통한다. 사람들이 전파를 이용하여 다양한 활동을 하듯이 동물의 세계에서도 전파 송수신 장치와 같은 기능의 유전자를 가지고 있어서 서로 간의 의사소통 및 먹이 사냥 등에 활용하는 생물들이 있다고 한다.

야행성으로 밤에 활동하는 박쥐는 시력이 매우 나쁘지만, 인간이 들을 수 없는 고주파의 음파인 초음파를 스스로 발사하여 주변 사물에 부딪쳐서 돌아오는 음파를 통해 물체와의 거리나 이동 방향 등을 판단하여 행동한다. 따라서 박쥐들이 어둠속에서 날아다니는 나방과 같은 먹잇감을 사냥할 때, 그리고 어미 박쥐와 새끼 박쥐 간에 의사소통, 어두운 동굴 안에 함께 서식하는 수많은 박쥐들이 서로 날아다니면서도 다른 박쥐나 장애물에 부딪히지 않는 것 또한 초음파를 통해 물체와의 거리를 인식하고 이동 방향 등을 찾아 행동하기 때문이다. 이러한 능력을 생체 레이더라고 하는데, 박쥐뿐만 아니라 나방, 일부 조류나 돌고래와 같은 포유류에서도 발견되는 능력이다.

> 🖉 사람의 귀로 들을 수 있는 진동수의 범위를 넘어서는 20KHz 이상의 높은 주파수를 가리는 음파

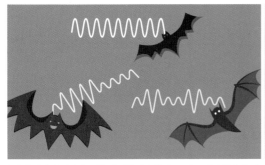

| 여러 마리의 박쥐가 같은 먹이를 사냥할 때도 서로 다른 방해 음파를 발사하며 다른 박쥐가 먹이를 사냥하는 것을 방해한다. 또한 날개에 있는 미세한 털과 이 끝에 달린 메르켈 세포(일종의 터치 센서)로 날개 끝에 느껴지는 기류 변화를 감지하여 빠르게 대응할 수 있다.

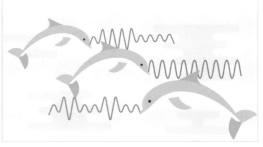

| 돌고래나 고래는 입에서 초음파를 발사하여 동료와 의사소통을 하거나 먹이나 장애물을 식별한다.

레이더의 발명

1930년대에 영국의 과학자들은 강한 전자파를 분석하여 대상물의 위치를 측정하는 전파 송신기인 레이더(Radar)를 발명하였다.

레이더는 목표 물체를 향하여 전파를 발사하고 되돌아온 전파를 분석하여 해당 목표 물체의 존재와 위치를 찾아내는 장치이다.

| 레이더

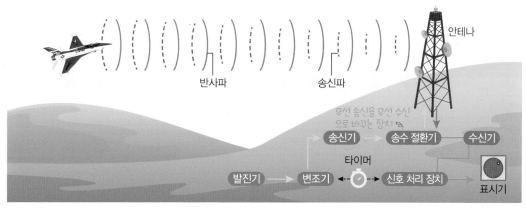

| 전자파를 사용하여 물체를 파악하는 레이더의 원리

제2차 세계 대전 때 공군의 전투력이 영국보다 월등하게 뛰어난 독일은 전투기를 사용하여 영국을 무차별 공격하였다. 이때 영국은 레이더를 활용하여 독일군의 전투기를 탐지해 내고 대처하여 공중전에서 승리를 거둘 수 있었다고 한다.

ThinkGen
레이더가 전투기를 감지
하는 원리는 무엇일까?

레이더의 활용

현재 레이더는 다양한 목적으로 사용되고 있다. 기상 관측을 위해 사용되는 기상 레이더는 구름이나 빗방울 등의 상태를 관측하여 비나 눈의 양과 구름의 이동은 물론 예상되는 경로를 추적하여 날씨를 예측한다. 또 어선에 장착된 어군 탐지기는 초음파를 발생하여 물속에 있는 물고기의 규모와 종류 등을 분석하는 어군 탐지뿐만 아니라 바다에 초음파를 쏘아 수심이나 지형을 알아내는데도 사용한다. 이외에도 주변에서 흔히 볼 수 있는 레이더 장치로는 자동차의 속도나 투수가 던지는 공의 속도를 측정하는 스피드 건(speed gun)등이 있다.

| 스피드 건

레이더는 이외에도 우리 생활 곳곳에 응용되고
있다. 레이더 센서를 단 에어컨은 사람이 많은 방향으
로 시원한 바람을 보내는 기능을 장착하고 있다. 또 자동차
에 레이더를 탑재하여 주변 상
황을 파악하면서 운전자에

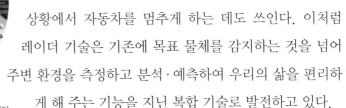
| 스텔스 기능을 가진 전투기
F-22 랩터(Raptor)

게 위험을 알리거나 운전자
가 미처 대처하지 못하는 위험
상황에서 자동차를 멈추게 하는 데도 쓰인다. 이처럼
레이더 기술은 기존에 목표 물체를 감지하는 것을 넘어
주변 환경을 측정하고 분석·예측하여 우리의 삶을 편리하
게 해 주는 기능을 지닌 복합 기술로 발전하고 있다.

| 자동차의 주행 시스템에도 레이더 기술을 사용한다.

도플러 효과

아하
그렇구나

우리는 일상에서 가끔 구급차나 소방차가 지나갈 때 사이렌 소리를 들을 수 있는데, 직접 지
나가는 구급차를 눈으로 확인하지 않고도 소리만 듣고 얼마만큼의 거리에서 다가오는지, 또
멀어지는지를 예측할 수 있다.

그 이유는 관측자의 위치와 파동이 발생하는 근원의 거리가 가까워지면 파장이 짧아지고, 멀
어지면 파장이 길어지기 때문이다. 다시 말해 음파를 퍼뜨리면 소리가 작아지고 음파를 집중
시키면 반대 효과가 생기는 원리인데, 이러한 현상을 도플러 효과(Doppler effect)라고 한다.

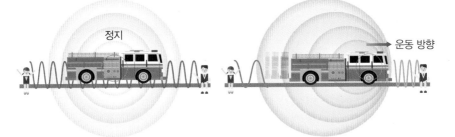

| **소방차가 정지한 경우** 두 관찰자는 같은 높이의
소리를 듣는다.

| **소방차가 움직이는 경우** 소방차의 앞쪽에 있는 관
찰자는 더 높은 소리를 듣고, 뒤쪽에 있는 관찰자는
더 낮은 소리를 듣는다.

이 원리는 물체의 움직임을 측정할 때 사용한다. 예를 들어 야구공이나 자동차의 빠르기를 측
정하는 스피드 건은 목표 물체를 향해서 레이더파를 발사하고, 다시 반사되어 되돌아오는 레이
더파를 감지한다. 이때 되돌아오는 레이더 파장을 측정하고 이 변화에 따라 속도를 계산한다.

10 세탁기

옷이 더러워지면 세탁기에 넣고 버튼을 누르면 세탁, 탈수, 건조 등이 자동으로 해결된다. 우리의 실생활에 유용하게 사용되는 세탁기는 단지 옷을 깨끗하게 세탁해 주는 기계만이 아닌, 그 이상의 사회적 의미를 갖는다고 한다. 세탁기의 발명이 사회를 어떻게 변화시켰을까?

전자레인지, 냉장고, 전기밥솥, 세탁기, 에어컨 등 다양한 가전제품은 우리의 생활을 더욱 편리하게 만들어 주고 있다. 그 중에서도 세탁기는 인간을 가사 노동으로부터 해방시켰다는 찬사를 듣는 발명품이다. 손빨래를 직접해 본 사람이라면 빨래하는 것이 얼마나 힘든 일인지 알 수 있을 것이다. 오물이 묻은 몇 벌의 옷을 세탁하는 것만으로도 힘이 드는데, 세탁기가 발명되기 이전 시대의 사람들은 빨래를 하는 데 얼마나 힘들었을까?

최초로 세탁기를 발명한 시기는 정확하게 알려져 있지는 않지만, 초기의 세탁기는 손잡이를 돌리거나 페달을 밟아 빨래가 담긴 통을 회전시키거나 진동시키는 형태였다. 이후 빨래를 손쉽게 할 수 있는 발명은 다양하게 시도되었으며, 1800년대 초에 발명된 세탁기는 단순하게 증기의 압력으로 세탁하거나 물을 저어 주는 기계, 빠르게 회전시켜 탈수하는 형태로, 지금과 같이 빨래의 전 과정을 처리하지는 못했다.

오늘날과 같은 형태의 세탁기는 1908년 알바 피셔(Alva J. Fisher)가 드럼통에 전기 모터를 설치한 형태로 개발한 토르(thor)라는 세탁기로, 오늘날 드럼 세탁기의 원조이다. 1911년 월풀사(Whirlpool Corporation)가 자동 세탁기를 선보인 이후부터 사용하기에 편리한 세탁기를 생산하기 위해 타이머를 설치하여 세탁 시간을 조절할 수 있게 하였다. 또 1950년

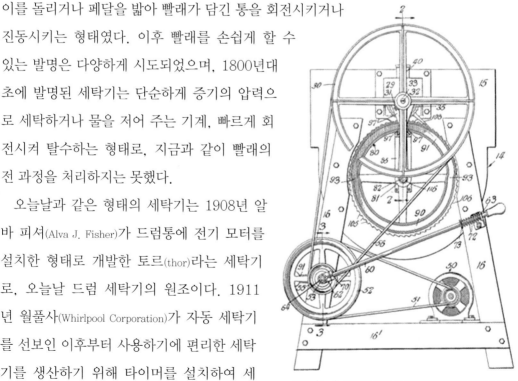

| 토르(thor) 1908년 알바 피셔가 발명한 전기 모터가 달린 드럼통 세탁기

대에는 세탁과 탈수를 함께 할 수 있는 세탁조를 포함한
세탁기가 생산되었고, 세탁 방식과 타이머, 그리고 자
동 코크를 이용한 급수, 배수, 헹굼, 탈수, 건조 등이
모두 자동으로 작동되는 현재의 형태로 발전하였다.

| 1900년대의 세탁기

세탁기의 종류

세탁기의 핵심 장치는 힘을 발생하는 전동기와 빨래
에 에너지를 전달하는 세탁조이다. 세탁기는 세탁조 안
에 물살을 만들어 세제와 세탁물이 잘 섞이도록 하여 세척
력을 높인다. 이때 세탁 방식에 따라 회전 날개식, 세탁봉 방
식, 드럼식으로 나눌 수 있다.

회전 날개식 세탁기는 구조가 간단하고 고장이 적으며, 가격이 비교적 저렴하다. 또한
세척력이 뛰어나 대형 이불 빨래가 가능하다. 하지만 회전 날개에 의해 생긴 물살의 힘으
로 세탁하는 방식이라 세탁물이 상하거나 엉키기 쉬운 단점이 있다. 이러한 단점을 줄이
기 위해 세탁조 가운데에 있는 봉이 왕복 운동을 하면서 세탁되므로 세탁물이 엉키지 않
고 옷감 손상이 비교적 적은 세탁봉 방식 세탁기, 그리고 세탁조가 360도 회전하며 세탁
물이 위에서 아래로 떨어지는 낙하 방식으로 세탁되는 드럼식 세탁기가 개발되었다.

세탁기의 발명과 발전은 여성들이 빨래로부터 자유로워지는 기회를 만들어 주었다. 가
사 노동으로부터 자유로워진 여성들은 자기 개발과 사회 진출을 위한 교육을 받을 수 있
는 기회를 더 많이 가질 수 있게 되었다. 이처럼 세탁기의 발명은 기계의 발명 이상의 사
회적 의미를 가진다.

회전 날개식 세탁기

세탁봉 방식 세탁기

드럼식 세탁기

| 세탁 방식에 따른 세탁기의 종류 및 내부 구조

11 냉장고

가정에서, 특히 여름철에 꼭 필요한 냉장고는 저온을 유지해야 하는 장치이기 때문에 전동기와는 무관해 보일 수 있다. 하지만 냉장고 역시 세탁기처럼 전동기를 이용하는 가전제품이다. 냉장고는 어떤 원리로 작동되는 것일까?

| 경주 석빙고 얼음을 넣어 두던 창고. 보물 제66호.

사람들은 오래전부터 작물이나 가축을 이용하여 식품을 생산하는 것만큼이나 식품을 장시간 신선하게 보관하는 것 또한 중요한 일이었다. 이를 위해 오래 전부터 사용된 방법 중 하나가 얼음을 이용하는 것이다. 삼국 시대 신라에서는 얼음 창고를 관리하는 빙고전이라는 관청이 있었고, 조선 시대에도 곳곳에 얼음을 저장할 수 있는 빙고를 만들어 놓고 겨울에 한강의 얼음을 잘라서 보관하였다.

낮은 온도에서 차갑게 저장하는 장치인 냉장고가 탄생하게 된 배경에는 1876년 독일의 화학자 카를 폰 린데(Carl von Linde)가 액화 암모니아를 이용한 냉각법을 개발한 것이 한몫하였다. 이후 1913년 암모니아 냉각제를 사용한 최초의 가정용 전기 냉장고가 미국에서 만들어졌다. 냉장고의 냉각 과정은 냉각제가 압축기, 응축기, 모세관, 증발기를 반복 순환하면서 이루어진다. 그 원리는 액체가 증발하여 기체로 변할 때 열을 흡수하는 현상을 이용하는 것으로, 냉각제를 증발시켜서 냉장고 안을 차게 식히고, 증발된 냉각제는 압력을 가하여 다시 액체로 바꾸면서 냉장고 안의 온도를 낮추는 것이다.

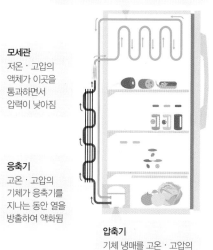

증발기 저온·저압의 액체 냉매가 기화하면서 열을 빼앗아 냉장고 안의 온도가 빠르게 내려감

모세관 저온·고압의 액체가 이곳을 통과하면서 압력이 낮아짐

응축기 고온·고압의 기체가 응축기를 지나는 동안 열을 방출하여 액화됨

압축기 기체 냉매를 고온·고압의 기체로 압축

| 냉장고의 냉각 원리 냉장고는 냉매(액체 상태를 기체 상태로 쉽게 변하게 하는 물질)를 사용하여 주변의 열을 흡수하는 원리를 이용한다. 따라서 냉장고 안을 차갑게 유지하기 위해 압축기 → 응축기 → 모세관 → 증발기를 무한 반복하면서 냉매가 기체가 되고 다시 액체가 되는 과정이 반복되며 냉장고는 냉장과 냉동 역할을 하게 된다.

일반 냉장고와 김치 냉장고의 차이

최근 우리나라는 각 가정에서 김치 냉장고를 많이 사용하고 있다. 김치 냉장고는 온도를 미세하게 조절하는 기능이 있어서 김치를 숙성시키거나 그 상태를 유지하며 보관할 수 있게 만든 냉장고이다. 따라서 김치 냉장고는 냉기 순환 방식이나 문을 여닫는 방식이 일반 냉장고와 다른 경우가 많다. 일반 냉장고는 냉각팬에 의하여 냉기를 순환시키는 방식인 간접 냉각식을 사용하는데 비해, 김치 냉장고는 냉각기가 냉장고 안에 노출되어 있는 직접 냉각식을 사용한다. 또, 냉장고의 문을 여닫을 때 외부 공기가 냉장고로 들어가는 양이 많으므로 김치 냉장고는 서랍식 또는 상부 개폐식으로 만들어 문을 열어도 바깥의 공기가 내부로 잘 들어가지 못한다. 이러한 원리를 이용하여 제작한 김치 냉장고는 온도 변화가 적어 오랫동안 식품을 신선하게 보관할 수 있다.

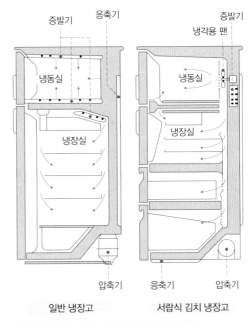

| 일반 냉장고와 서랍식 김치 냉장고의 냉기 흐름

아하 그렇구나

✍️ 냉각 작용을 일으키는 모든 물질을 칭함
냉장고의 원리 중 냉매를 사용하는 이유는 무엇일까?

얼음이 녹아 물이 되거나 물이 증발하여 수증기가 될 때에는 열을 흡수하고, 반대로 수증기가 냉각을 통해 물이 되거나 물이 응고되어 얼음이 될 때에는 열을 방출한다.

액체가 기체로 변할 때 흡수하는 열을 기화열이라고 한다. 우리가 몸에 물을 바르면 시원함을 느끼는데 이것은 물이 차가워져서가 아니라 물이 증발할 때 피부의 열을 빼앗아 가기 때문이다.

이처럼 냉장고도 액체 상태에서 기체 상태로 쉽게 변하게 하는 물질인 냉매를 사용하여 주변의 열을 흡수하는 원리를 이용한다. 이때 냉매에 사용되는 냉각제로는 초기의 에테르 → 암모니아 → 프레온 순으로 바뀌었으며, 최근에는 천연가스 및 이산화탄소를 이용한 대체 냉매를 사용하고 있다.

냉장고를 깨끗하게 유지해야 하는 이유

　음식물은 일정한 시간이 경과하면 부패하기 때문에 음식물의 부패를 늦추기 위해 사람들은 냉장고를 사용한다. 그럼에도 불구하고 가끔은 사람이 음식물을 섭취할 수 있는 기한을 넘기기도 하는데, 냉장고에 보관한다고 해서 모든 음식물의 부패를 막지는 못한다.

　냉장고는 24시간 365일 음식물을 보관할 수 있는데, 채소의 경우 보관을 잘못하면 시들거나 썩어서 먹지 못할 수도 있다. 또한 먹다 남긴 음식물이나 밀폐되지 않은 음식물을 보관할 경우 냉장고 안이 음식물로 인한 악취나 이물질이 생기는 등으로 인해 세균이 번식할 수 있다.

　냉장고 안에서 번식할 수 있는 각종 세균 중에는 식중독을 일으키는 포도상 구균이나 바실러스 균 등이 있다. 또 일반 세균과는 달리 낮은 기온에서 성장하는 노로 바이러스 등과 같은 세균도 주의해야 한다.

　우리가 평상시에 냉장고를 위생적으로 사용하기 위해서는 최소 두 달에 한 번쯤은 음식물을 모두 꺼낸 후 정기적으로 청소를 하는 것이 바람직하다. 또한 냉장고에 음식물을 보관할 때는 일반적으로 보관할 수 있는 공간의 60~70% 이내로만 채우고, 냉동실은 −20℃, 냉장실은 2℃로 유지하는 것이 좋다.

｜냉장고 안에는 사람에게 유해한 여러 가지 세균이 번식할 수 있으므로 수시로 각 음식물의 유통기한을 체크하고 항상 청결을 유지하도록 노력해야 한다.

12. 라디오와 텔레비전

주파수가 10KHz 이하의 낮은 신호를 의미

마이크는 사람이 말하는 음성, 즉 소리를 전기 신호로 바꾸어 준다. 그런데 이 신호는 저주파이기 때문에 공기를 통해 멀리까지 전달되지 못한다. 우리는 보통 라디오와 텔레비전은 무선으로 신호를 받아들이는 것으로 알고 있는데, 멀리까지 방송 전파를 보낼 수 있는 데에는 어떤 원리가 숨어 있을까?

라디오

라디오(radio)는 바큇살을 뜻하는 라틴 어에서 유래한 말로 방송국에서 내보내는 전파를 잡아 이것을 소리로 복원하여 수신하는 기계이다. 방송국에서 방송을 하기 위해서는 소리를 전기 신호로 바꾸고, 바뀐 신호는 여러 과정을 거쳐 다시 소리로 변환하여 우리에게 전달되도록 해야 한다. 방송국에서 방송을 진행할 때 라디오 수신기를 통해 우리에게 전달되는 과정은 다음과 같다.

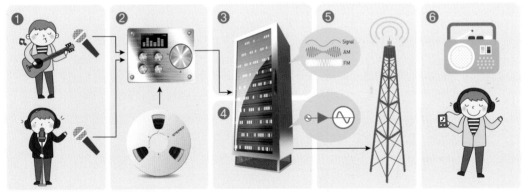

마이크를 통해 음악과 목소리를 입력한다.

입력된 소리를 저주파 전류로 변환한다.

저주파 전류를 고주파 전류에 싣는 변조 과정을 거친 후 신호를 증폭한다.

증폭된 신호는 안테나를 통해 사방으로 송신된다.

수신된 소리를 라디오를 통해 듣는다.

질문이요 저주파 전류는 왜 고주파 전류에 싣는 변조 과정을 거쳐야 하나요?

저주파 전류는 공기를 통해 먼 곳까지 전달할 수 없다. 따라서 저주파 전류를 먼 곳까지 전달할 수 있는 고주파 전류에 실어서 전달하는데, 이때 사용하는 고주파 전류를 반송파(搬送波)라고 한다. 또한 고주파에 저주파를 싣는 것을 변조라고 하는데, 이때 많이 사용하는 방식으로는 AM과 FM이 있다. 그래서 우리가 듣는 라디오 채널에도 AM과 FM 채널이 있다.

신호파의 강약에 따라 진폭을 변화시키는 방법
신호파의 강약에 따라 주파수를 변화시키는 방법

최초의 라디오 방송국은 미국 펜실베이니아 주의 피츠버그에서 시작되었으며, 1920년대에 들어서는 곳곳에 많은 방송국이 만들어졌다.

라디오 방송국에서 송신된 전파를 수신하여 음성 정보를 들으려면 라디오라고 하는 무선 수신 장치가 필요하다. 이 장치로 전파를 수신하고, 원하는 신호를 분리한 후 소리로 전환하는 과정을 통해야만 방송을 들을 수 있다.

전파를 수신하는 장치인 라디오는 주변의 여러 전파 중 원하는 것을 선택하는 *동조 회로가 작동하면서 원하는 신호를 정하게 된다. 이때 신호를 조절하는 전자 부품이 코일과 콘덴서이다. 청취자는 가변 콘덴서 즉, 리모컨이나 다이얼을 조정하여 원하는 방송국의 주파수를 맞춘다.

이후 검색된 고주파는 음성을 분리하는 검파 회로를 거쳐 저주파인 음성 신호를 분리하고, 분리된 음성 신호는 스피커를 진동시켜 소리가 발생되고, 이 소리를 청취자가 듣게 된다.

콘덴서의 용량을 바꿀 수 있게 한 것

| 전류의 변화로 전자파를 생성하는 안테나

아하 그렇구나

라디오 주파수

눈에는 보이지 않지만 우리 주변에는 수많은 전파가 있다. 따라서 원하는 라디오 방송을 듣기 위해서는 주파수를 맞추어야 한다.

이때 주파수를 맞춘다는 것은 라디오 내부의 회로 진동수를 방송국에서 방송하는 전파와 일치시키는 것을 말하는데, 이 현상을 공명 현상이라고 한다. 이러한 공명 현상을 이용하여 방송국마다 가지고 있는 고유의 주파수와 일치하는 주파수를 선택하여 방송을 수신하게 되는 것이다.

이러한 공명 현상을 조절하는 전자 부품이 코일과 콘덴서이다. 그런데 코일은 주파수가 낮을수록 잘 통과시키는 반면 콘덴서는 주파수가 높을수록 잘 통과시키는 특성이 있으므로 이를 잘 조절하여야 원하는 방송을 들을 수 있다.

*

동조 회로 외부의 전기 진동과 똑같은 고유 진동수를 가지고 진동하는 전기 회로로, 수신 안테나에 들어온 여러 전파 중에서 원하는 방송의 전파만을 골라내는 회로를 말한다.

텔레비전

라디오와 활동사진의 발명은 영상을 전기 신호로 바꾸어 방송하는 텔레비전 방송이 탄
생하는 기반이 되었다.
↳ 영화의 옛 용어로 오늘날의 영상물을 의미

텔레비전 방송국에서 송신된 음성
과 영상물의 방송을 시청하기 위해서
는 영상 수신 장치인 텔레비전이 필요
하다. 초창기 텔레비전의 화면으로 쓰
인 것은 브라운관인 CRT(Cathode Ray
Tube, 음극선관)로, 영상 품질과 가격 성
능비가 우수하여 화상 표시 장치로 널
리 쓰였다.

전자빔(electron beam)을 사용하는
CRT는 흑백을 거쳐 컬러를 표시하는

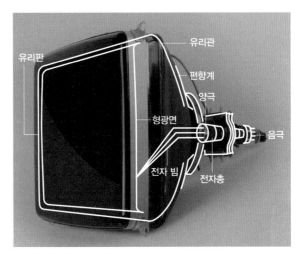

| 브라운관 TV의 구조

형태로 발전하였는데, 이것은 전자총이 하나인 흑백 CRT를 적색·청색·녹색과 같이 3개
의 전자총으로 발전시킨 것이다. 하지만 CRT는 크게 만들면 기기가 두꺼워지므로 사람들
↳ 화면을 향해 전자빔을 송출하는 장치
이 원하는 큰 화면의 텔레비전을 만드는 데는 한계가 있었다.

이후 평면 TV의 첫 번째 주자인 PDP(Plasma Display Panel, 플라스마 표시 장치)는 2장의 유리
기판 사이에 네온과 아르곤의 혼합 가스를 넣고 진공 상태에서 전압을 가하면 플라스마(기
체 방전) 상태가 된 가스가 빛을 발하는 표시 장치이다. CRT에 비해 두께를 10 cm 이내로
줄일 수 있어 대형 화면을 구현하는 데 큰 기여를 하였으나 전력 소모가 크고 발열이 많은
단점이 있다.

아하
그렇구나

표시 장치별 특징

• LCD(Liquid Crystal Display, 액정 표시 장치) 형광등을 광원으로 사용하며 액정이 전류
의 흐름에 따라 빛을 차단하거나 통과시키는 성질을 이용한다.
• LED(Light Emitting Diode, 발광 다이오드) 형광등 대신 발광 다이오드를 광원으로 사용
하여 LCD보다 화면이 밝으며, 수명이 길고 소비 전력이 낮다는 장점이 있다.
• OLED(Organic LED, 유기 발광 다이오드) 유기 화합물에 전류가 흐르면 빛을 발생시키는
성질을 이용하기 때문에 광원이 필요하지 않다. 시야각이 넓고, 응답 속도가 빠르며 대형화
가 가능해 지면서 TV에도 적용되고 있다.

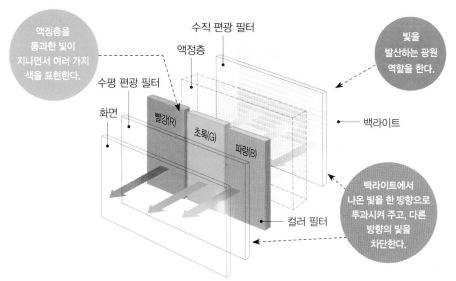

액정층을 통과한 빛이 지나면서 여러 가지 색을 표현한다.

수직 편광 필터

액정층

빛을 발산하는 광원 역할을 한다.

수평 편광 필터

화면

빨강(R)

초록(G)

파랑(B)

백라이트

컬러 필터

백라이트에서 나온 빛을 한 방향으로 투과시켜 주고, 다른 방향의 빛을 차단한다.

| **LCD의 원리** 액정은 스스로 빛을 내지 못하기 때문에 뒷면에 빛을 발산하는 광원 역할을 하는 백라이트를 설치해야 한다. 이때 광원에 따라 LCD(형광 램프)와 LED(발광 다이오드)로 구분한다.

이러한 PDP의 단점을 보완한 것으로 액정(liquid crystal)이 있는데, 액정이란 액체의 유동성과 고체의 광학적 성질을 동시에 가지는 물체로, 2장의 유리 기판 사이에 액체 상태의 물질을 넣고 가둔 다음 전압을 가하여 빛의 투과율을 조절함으로써 상을 맺게 하는 장치이다. 액정은 가볍고 소비 전력이 적으며, 수명이 길다는 장점이 있다. 전자계산기, 전자시계 등에 사용되었고, LCD와 LED 텔레비전에도 사용되고 있다.

최근에 개발된 OLED는 백라이트 없이 스스로 빛을 내기 때문에 LED보다 두께가 더 얇고 화면을 크게 만들 수 있으며, 전력 소모도 적고 자체 발광이므로 재현되는 색이 LCD보다 정확하다.

이렇게 표시 장치의 발달과 함께 여러 가지 텔레비전 기술이 개발되었다. 특히 곡면 텔레비전(curved TV)은 시청자와 텔레비전 화면 사이의 거리가 같도록 한 것으로 몰입도가 높고 입체감을 주어 편안하게 시청할 수 있도록 한 것이 특징이다.

입체적인 영상을 볼 수 있는 3D 텔레비전은 시청자의 양쪽 눈에 각각 다른 각도에서 촬영한 영상이 전달되어 입체감 있는 화면을 볼 수 있게 한다. 이전에는 3D 전용 안경을 써야했으나 현재는 '무안경 3D 기술'이 개발되어 전용 안경이 따로 필요 없는 TV도 등장하였다.

미래에는 이러한 표시 장치 기술이 더욱 발전하여 구부리거나 펴서 화면의 휘어지는 정도를 조절할 수 있는 가변형 텔레비전(bendable TV)과 작게 접어서 휴대할 수 있는 휴대용 텔레비전도 일상생활에서 보게 될 것이다.

토론 스마트폰 카메라, 그리고 사생활

스마트폰에 내장된 초소형 카메라의 성능이 빠른 속도로 발달하고 있다. 신문이나 방송 기자가 스마트폰의 카메라로 촬영하여 기사를 작성하고, 특정 사진작가는 이를 활용하여 작품 활동을 하는 경우도 볼 수 있다. 개인들도 스마트폰의 카메라로 찍은 일상생활 속의 소소한 모습까지 개인 블로그나 SNS(Social Network Service, 소셜 네트워크 서비스) 등의 콘텐츠에 게시하는 경우도 많다. 또한 많은 사람이 스마트폰을 이용하여 화상 통화를 하는 등 정보 기술의 발달로 일상생활을 하는 데서도 많은 혜택을 누리며 살고 있다.

하지만 카메라의 대중화는 자신도 모르게 타인에 의해 촬영을 당하는 일명 '몰래카메라'에 노출되어 화장실이나 탈의실처럼 신체가 노출되는 공공장소에서도 불법으로 찍히는 등 사회적인 문제가 발생하고 있다.

이러한 문제를 예방하기 위한 방법 중 하나로 스마트폰의 카메라로 촬영할 때 자동으로 셔터 누르는 소리를 내는 기능을 스마트폰에 탑재하도록 하였다. 그러나 촬영 시 소리가 나지 않게 하는 응용 프로그램(어플)을 설치하거나 기기를 조작하여 그 기능을 없애는 사용자도 늘고 있다.

기술의 변화와 발전은 인간 사회와 끊임없이 상호작용하면서 개발되고, 발전하며, 때로는 사라지기도 한다. 따라서 우리는 기술이 빠르게 변화할 때마다 그에 대처하는 기준이나 방법 등에 대해 고민하고 현명하게 판단하여야 할 것이다.

1 단계 초소형 디지털 카메라의 발달로 인한 사생활 침해 문제와 이를 해결할 수 있는 방안을 마인드맵으로 그려 보자.

 2 단계 초소형 디지털 카메라의 부작용을 줄이고, 사회적으로 유용하게 사용하기 위한 방안에 대하여 자신의 생각을 써 보자.

제조 기술과 관련된 직업을 알아보아요

금형 설계원

하는 일 제품을 만드는 방법과 기계에 관한 지식을 기초로 금형을 제작한다. 즉 생산할 제품의 특성에 따라 압출 또는 주조 등에 알맞은 금형을 만들기 위해 도면을 잘 만들었는지 모의실험을 통해 확인한다. 컴퓨터로 설계(CAD와 CAM 프로그램 활용, 3D 모델링)하고 생산 제품이 잘 제조될 수 있도록 금형의 형태, 만드는 방법 및 수량과 품질, 비용 등을 검토하고 결정한다.

관련 학과 금속공학과, 금형설계과, 기계공학과, 기계과, 신재료공학과, 안경광학과, 제어계측공학과 등

석유 화학 기술자

하는 일 원유나 천연가스 등의 연료와 섬유, 타이어 산업, 자동차, 정밀 화학 등의 기초 원료로 사용되는 재료를 연구·개발하는 일을 담당한다. 높은 수준의 전문 지식을 필요로 하므로 사회적인 평판도 높은 편이다.

관련 학과 화학공학과, 나노공학과, 화학과 등

로봇 연구원

하는 일 산업용, 의료용, 해저 자원 개발용 및 실생활에 이용할 수 있는 로봇을 연구하고 개발하는 일을 담당한다. 일상생활에서 로봇이 대신할 수 있는 일이나 공장의 생산 설비를 최적의 방법으로 자동화하기 위하여 최신 제조 기술, 자동화 기술 등을 자문하고 전기, 전자, 기계 장치를 자동화하는 설비를 연구·개발하기도 한다.

관련 학과 기계공학과, 제어계측공학과, 메카트로닉스 공학과 등

제품 디자이너

하는 일 바늘에서부터 항공기에 이르기까지 우리의 일상생활에 필요한 각종 제품을 디자인한다. 디자인을 위한 다양한 자료를 수집하고 제작자, 경영자, 소비자의 의견을 참고하여 제품의 형태를 구상하고, 그림 등으로 그 결과물을 나타낸다. 디자인 변경을 위해 여러 차례 회의에 참여하며, 제품에 대한 전문적인 지식을 필요로 하는 경우도 있다.

관련 학과 공업디자인과, 공예과, 공예디자인학과, 산업디자인과 등

전기 공학 기술자

하는 일 전력, 자동화 및 제어 시스템, 엔지니어링 등의 분야에서 계획·설계·시공 및 감리 업무와 전력 시설물의 유지·보수 업무를 담당한다. 최신 관련 기술 자료를 수집·분석하여 회사 실정에 맞는 장·단기 기술 정책을 계획하고 제안하며, 생산 및 설비 기술 향상 방안을 연구한다.

관련 학과 전기공학과, 전기과, 전기전자공학과, 전기제어공학과 등

측정 표준 기술 연구원

하는 일 물리, 기계, 전기, 전자, 삶의 질, 융합 기술 등 다양한 분야의 측정 표준 기술을 연구한다. 국제적 표준 측정 기술을 바탕으로 각 분야에서 정확도와 신뢰도가 높은 측정 기술, 교정 시험표 등에 대한 연구를 수행한다.

관련 학과 미생물학과, 생물학과, 생명공학과, 전자공학과, 기계공학과, 화학공학과, 제약학과 등

패션 디자이너

하는 일 패션 흐름을 분석하고, 재료와 색상에 관한 자료를 종합적으로 비교·분석하여 새로운 의상 디자인을 기획한다. 기획 자료를 기본으로 하여 디자인하고, 샘플을 작성하며, 도식화한 후 수정·보완을 거쳐 실제 제작에 들어간다.

관련 학과 공예과, 산업디자인과, 섬유디자인과, 시각디자인과, 패션디자인과 등

식품 공학 기술자

하는 일 식품에 대한 조사, 개발, 생산 기술, 품질 관리, 포장, 가공 및 이용에 관한 업무를 담당한다. 자사와 경쟁 업체의 상품에 대해 식품 및 소비자의 반응을 분석하여 생산 제품을 기획하고, 식품의 영양, 맛, 색깔, 상품 가치 등을 고려하여 적합한 재료를 선택하고 다양한 조리 방법 등을 연구한다.

관련 학과 생명과학과, 식품가공과, 식품공학과, 식품영양과, 식품조리과 등

참고 문헌 및 참고 사이트

참고 문헌

기술사랑연구회, 기술 · 가정 용어사전, (주)신원문화사, 2007.

과학동아북스, 정보통신과 신소재, (주)동아사이언스, 2012.

내셔널지오그래픽, 한눈으로 보는 과학과 발명의 세계사, 지식갤러리, 2013.

더스틴 로버츠, 움직이는 사물의 비밀, 한빛미디어(주), 2012.

로드니 P. 칼라일, 사이언티픽 아메리카 발명 · 발견 대사전, 책보세, 2011.

미래를 준비하는 기술교사 모임, 테크놀로지의 세계 1,2,3 랜덤하우스, 2010.

미셸 리발, 역사상 가장 위대한 발명 150, 예담, 2013.

박영숙 외, 유엔미래보고서 2040, 교보문고, 2013.

스티븐 파커, 발명 콘서트, 베이직북스, 2013.

에릭 슈미트, 제러드 코언, 새로운 디지털 시대, 알키, 2014.

이종호, 미래과학 세상을 바꾼다, 과학사랑, 2011.

이재민, 안녕! 미디어아트, 인사이트, 2014.

잭 첼로너, 죽기 전에 꼭 알아야 할 세상을 바꾼 발명품 1001, 마로니에북스, 2010.

제러드 다이아몬드, 총, 균, 쇠, 문학사상, 2005.

체험 활동을 통한 기술교육 연구모임, 테크놀로지의 세계 플러스 1~2, 알에이치 코리아, 2012.

크리스 우드포드, 판타스틱 기계 백과, 을파소, 2008.

참고 사이트

국립중앙박물관 http://www.museum.go.kr

국립전파연구원 http://www.rra.go.kr

문화재청 http://www.cha.go.kr

슈나이더 http://www.schneider-om.com

삼성디스플레이 http://www.samsungdisplay.com

식품의약품안전처 http://www.mfds.go.kr

엘지전자 http://www.lge.co.kr

제너럴 일렉트릭 http://www.ge.com

한국생산기술연구원 http://www.kitech.re.kr

한국소비자평가연구원 http://www.kcr.or.kr

한국전기연구원 http://www.keri.re.kr

한국철강협회 http://www.kosa.or.kr

한미약품 http://www.hanmi.co.kr

현대자동차 http://www.hyundai.com

이미지 출처

한 눈에 보이는 제조 기술의 역사
  뗀석기 http://www.museum.go.kr/site/main/relic/directorysearch/view?relicId=2479
  무구정광대다라니경 http://www.cha.go.kr
  볼타 전지 http://study.zum.com/book/13162
  다이너마이트 게티이미지뱅크
  에디슨 백열 전구 http://bialstar.tistory.com/27
  아스피린 http://carolynyeager.net/how-aspirin-trademark-was-stolen-germany-versailles-treaty
  형광등 http://biruf.com/16cp-light-bulb-general-electric-carbon/
  유니메이트 http://www.computerhistory.org/revolution/artificial-intelligence-robotics/13/292/1272
  LED http://www.lamptech.co.uk/Spec%20Sheets/LED%20Monsanto%20MV1.htm
  마이크로프로세서 https://ko.wikipedia.org/wiki/%EC%9D%B8%ED%85%94_4004
  IBM PC https://en.wikipedia.org/wiki/IBM_Personal_Computer
  청색 LED https://www.theguardian.com/science/live/2014/oct/07/nobel-prize-physics-2014-stockholm-live#img-1
  아이폰 https://namu.wiki/w/%EC%95%84%EC%9D%B4%ED%8F%B0/1%EC%84%B8%EB%8C%80
  토카막 https://www.euro-fusion.org/2012/10/new-jet-results-tick-all-the-boxes-for-iter/
  로봇팔 게티이미지뱅크
머리말 송전탑 아이클릭아트
  반도체 아이클릭아트
차례 나노튜브 게티이미지뱅크
  로봇팔 게티이미지뱅크
  우주인 게티이미지뱅크
  스마트폰 합성 게티이미지뱅크
  레이더 게티이미지뱅크

1단원

8쪽 재료 http://www.bustler.net/index.php/article/yap_istanbul_modern_finalist_entry_by_onz_architects
9쪽 유리 작업 게티이미지뱅크
  커피잔 아이클릭아트
  톱니바퀴 아이클릭아트
10쪽 구리 원석 게티이미지뱅크
  탄광 게티이미지뱅크
11쪽 구리 동전 이스라엘 문화청
  구리 송곳 http://newmedia-eng.haifa.ac.il/?p=6750
12쪽 동전 게티이미지뱅크
  색소폰 아이클릭아트
  병실 http://cfile30.uf.tistory.com/image/194D55054BE35D4844CB02
13쪽 발견된 금동 대향로 http://blog.joins.com/media/folderListSlide.asp?uid=kby54&folder=246&list_id=13735396&page=1
  금동대향로 http://tour.buyeo.go.kr/_prog/culture/index.php?mode=V&mng_no=10&site_dvs_cd=tour&menu_dvs_cd=030102#none
  보존 처리 과정 http://www.cprc.or.kr/site/homepage/menu/viewMenu?menuid=001001003001
14쪽 자유의 여신상 얼굴 https://namu.wiki/w/%EC%9E%90%EC%9C%A0%EC%9D%98%20%EC%97%AC%EC%8B%A0%EC%83%81
  자유의 여신상 게티이미지뱅크
15쪽 히타이트 http://cjworldtour.blogspot.kr/
16쪽 철제 무기 http://intl.ikorea.ac.kr/korean/download.php?id=657&sid=756266b67da431ae44d446848a765e0d
  철갑옷 http://intl.ikorea.ac.kr/korean/download.php?id=657&sid=756266b67da431ae44d446848a765e0d
  철광석 http://www.brazilbrand.com/brazil_miner_brazilian_exporter_iron_ore.htm
17쪽 조리 도구 게티이미지뱅크
  주방 게티이미지뱅크
18쪽 철강 생산 게티이미지뱅크
  고철 게티이미지뱅크
19쪽 톱니바퀴 게티이미지뱅크
20쪽 두랄루민 활용 http://escapehatchdallas.com/2013/05/24/american-airlines-bought-a-new-777-300er-and-took-escapehatchdallas-
     to-pick-it-up/
21쪽 자동차 차체 http://aluminium.matter.org.uk/content/html/eng/default.asp?catid=210&pageid=2144416998
  알루미늄 포일 게티이미지뱅크
22쪽 KTX 산천 http://www.kookje.co.kr/news2011/asp/newsbody.asp?code=0100&key=20110924.33001232342
23쪽 고려 청자 http://www.cha.go.kr/korea/heritage/search/Culresult_Db_View.jsp?mc=NS_04_03_03&VdkVgwKey=11,00950000,11&queryText=
  스테인드글라스 게티이미지뱅크

46쪽   구석기시대 http://www.sjnmuseum.go.kr/sjnmuseum/sub02_03_04.do
47쪽   수메르 https://www.awesomestories.com/asset/view/-Royal-Standard-of-Ur-Mosaic-With-Sumer-Images
        뗀석기 http://blog.daum.net/_blog/BlogTypeView.do?blogid=09KZ7&articleno=63014
        간석기 http://blog.daum.net/inksarang/16877944
        청동 도구 http://www.ssu.ac.kr/web/museum/collection_a?p_p_id=EXT_MUSEUM_SEARCH&p_p_lifecycle=0&p_p_state=normal&p_
            p_mode=view&p_p_col_id=column-1&p_p_col_count=1&_EXT_MUSEUM_SEARCH_struts_action=%2Fext%2Fmuseum_
            search%2Fview&_EXT_MUSEUM_SEARCH_keywords=%EC%B2%AD%EB%8F%99%EA%B8%B0&_EXT_MUSEUM_
            SEARCH_sCat1=&_EXT_MUSEUM_SEARCH_sCat2=0&_EXT_MUSEUM_SEARCH_sCat3=0&_EXT_MUSEUM_SEARCH_
            orderSelection=TITLE_KR&_EXT_MUSEUM_SEARCH_curPage=22&_EXT_MUSEUM_SEARCH_vPage=relic&_EXT_MUSEUM_
            SEARCH_relicId=27#none
        철제 도구 http://www.ssu.ac.kr/web/museum/exhibit_e;jsessionid=iPa8KJzasvT9DN1ayls1b8YidM2KFim1tj5zd3LgFESJ1gbHOQXh
            zlTZT3Rrc2Jk?p_p_id=EXT_MUSEUM&p_p_lifecycle=0&p_p_state=exclusive&p_p_mode=view&_EXT_MUSEUM_struts_
            action=%2Fext%2Fmuseum%2Fview&_EXT_MUSEUM_vPage=subject2&_EXT_MUSEUM_orderSelection=TITLE_KR&_EXT_
            MUSEUM_subjectId1=42&_EXT_MUSEUM_subjectId2=423&_EXT_MUSEUM_curPage=3
48쪽   나사 게티이미지뱅크
        통조림 따개 게티이미지뱅크
        지퍼 게티이미지뱅크
        도끼 게티이미지뱅크
        칼 아이클릭아트
49쪽   가위 아이클릭아트
        병따개 게티이미지뱅크
        손톱깎이 아이클릭아트
        시소 게티이미지뱅크
        승강기 http://www.minecraftforum.net/forums/minecraft-discussion/suggestions/2439846-elevator-pulley-system
        거중기 http://www.daeban.es.kr/new_big/board/bbs/board.php?bo_table=student_04_01&wr_id=101
        아르키메데스 http://www.kakprosto.ru/kak-33958-kak-pridumat-zagadku
50쪽   다양한 도구들 게티이미지뱅크
        무선 전동 드릴 아이클릭아트
51쪽   제분기 http://www.historic-cornwall.org.uk/flyingpast/lode.html
        보일러 게티이미지뱅크
52쪽   벨트 http://www.timingpulleyindia.in/timing_pulley.html
        체인 http://www.tommievaughnperformance.com/M-6268-A460.aspx
        링크 http://www.cachassisworks.com/cac_testimonials_AlstonJrNova.html
        캠 http://www.groveclassicmotorcycles.co.uk/mas195—cam-wheel-assembly——m178-cam-wheel—bush-2166-p.asp
        마찰차 http://www.tachogenerators.co.uk/spares
        기어 http://hdimagelib.com/bevel+gear
        관 아이클릭아트
        관 이음 http://www.turbosquid.com/3d-model/architecture/pipe-plumbing
        밸브 게티이미지뱅크
53쪽   볼트와 너트 게티이미지뱅크
        리벳 게티이미지뱅크
        핀 http://imgarcade.com/1/split-dowel-pin/
        나사 게티이미지뱅크
        키 http://www.technifast.co.uk/parallel-keys.asp
        크랭크축 게티이미지뱅크
        베어링 http://www.1977mopeds.com/derbi-pyramid-reed-piston-port-crank-crank-bearing.html
        스프링 게티이미지뱅크
        브레이크 게티이미지뱅크
54쪽   롤러코스터 http://www.coastergallery.com/cp/19.html
        기둥 게티이미지뱅크
        자전거 게티이미지뱅크
        자전거축 게티이미지뱅크
55쪽   러닝 머신 게티이미지뱅크
        벨트풀리, 브레이크 게티이미지뱅크
        관 게티이미지뱅크
        관 이음 게티이미지뱅크
56쪽   현대의 단조 작업 http://lit-meh.ru/services-catalog/gorjachaja-objemnaja-shtampovka/
57쪽   제철소 http://89.111.189.90/stal/prokatnyy_stan.JPG
        압연 게티이미지뱅크
58쪽   엔진 블록: 게티이미지뱅크
        밀링 머신 게티이미지뱅크

칩 게티이미지뱅크
59쪽   기계 가공 게티이미지뱅크
        CNC http://3dprint.com/59736/limitless-3d-printer-cnc/
60쪽   플라스틱 재료 게티이미지뱅크
61쪽   사출 기계 게티이미지뱅크
        압축 성형 제품 http://www.reblingplastics.com/quality.htm
        성형 틀 http://korean.alibaba.com/product-gs/auto-plastic-injection-parts-with-plastic-mould-injection-mould-injection-stool-mould-
            household-products-injection-mould-50000403988.html
        압출 성형 제품 http://www.pittsplas.com/company/photo-gallery/
62쪽   블로우 성형 http://dir.indiamart.com/gurgaon/blow-molds.html
        플라스틱 첨가제 http://www.phugianhua.com/
63쪽   3D 프린터 제작 게티이미지뱅크
        3D 프린터 제품 http://www.telegraph.co.uk/technology/news/11193031/3D-printing-market-worth-4.8bn-by-2018.html
64쪽   인공귀 http://www.princeton.edu
        3D 건출물 http://www.prnewswire.com/news-releases/dubai-to-build-worlds-first-3d-printed-office-510978591.html
65쪽   옷감 공장 https://commons.wikimedia.org/wiki/File:Cotton_mill.jpg
66쪽   공장 http://davesbikeblog.squarespace.com/blog/2012/7/20/women-as-bike-mechanics-in-the-early-1900s.html
67쪽   무인 이동 시스템 https://www.logismarket.co.uk/automated-guided-vehicles/automated-guided-vehicle-1_swisslog_p
        자동차 생산 아이클릭아트
        일관 작업 방식 http://www.newswire.co.kr/newsRead.php?no=254072
68쪽   크레인 http://www.archives.gov/exhibits/picturing_the_century/galleries/newcent.html#
        컨베이어 시스템 http://www.bbc.com/news/business-22559022
69쪽   사물 인터넷 게티이미지뱅크
        빅 데이터 게티이미지뱅크
        증강 현실 http://www.etnews.com/20140310000135?m=1
        자동화 설비 게티이미지뱅크
70쪽   바이센테니얼 맨 http://psimovie.com/bicentennial-man.html
        유니메이트 http://www.computerhistory.org/revolution/artificial-intelligence-robotics/13/292/1272
71쪽   스파이더 로봇 http://www.dailian.co.kr/news/view/471875/?sc=naver
        반도체 공장 로봇 http://s.newsweek.com/sites/www.newsweek.com/files/styles/headline/public/2010/12/17/1337256000000.cached_2.
            jpg?itok=xG4pEGh3
        무인 생산 시스템 게티이미지뱅크
        병 제품 검사 로봇 http://www.globalspec.com/ImageRepository/LearnMore/20128/Krones_bottle_1_500p_367b20cdba5f381ce481734a0
            cac85b3643900dda9.png
72쪽   실벗 http://www.tradekorea.com/product/detail/P544184/Intelligent-Companion-Robot-'SILBOT3-'.html
        농업 로봇 http://www.irobotnews.com/news/articleView.html?idxno=2183
        재난 로봇 http://www.cbci.co.kr/sub_read.html?uid=239969&section=sc1
73쪽   산업 디자인 설계 도면 게티이미지뱅크
74쪽   GD 마크 http://gd.kidp.or.kr/intro/about.asp
75쪽   도요타 미위 http://www.designdb.com/dreport/dblogView.asp?gubun=1&oDm=3&page=1&bbsPKID=21272#heads
        산업 디자인 회의 게티이미지뱅크
        자동차 콘셉트 디자인 http://media.daimler.com/dcmedia/0-921-656548-1-1761732-1-0-2-0-0-1-12639-0-0-3842-0-0-0-0-0.
            html?TS=1429690523744
76쪽   페퍼(PEPPER) http://www.softbank.jp
        가족 아이클릭아트

3단원

78쪽   자동차 게티이미지뱅크
79쪽   수력발전소 게티이미지뱅크
        전구 게티이미지뱅크
        반도체 게티이미지뱅크
80쪽   구글 데이터 센터 http://www.huffingtonpost.com/2012/10/17/google-data-centers_n_1973046.html
81쪽   전구 게티이미지뱅크
        프랭클린 https://www.awesomestories.com/asset/view/Ben-Franklin-Flies-a-Kite-during-a-Storm
        호박 장신구 게티이미지뱅크
84쪽   영흥 화력 발전소 http://www.kyeongin.com/main/view.php?key=724449
85쪽   모닥불 게티이미지뱅크
86쪽   가스등 게티이미지뱅크
        아크등 http://www.discoveriesinmedicine.com/Apg-Ban/Arc-Lamp.html
        조지프 스완 백열전구 https://en.wikipedia.org/wiki/Joseph_Swan

토머스 에디슨 백열전구 http://gekorea.tistory.com/m/post/3/slideshow?order=3
형광등 http://biruf.com/16cp-light-bulb-general-electric-carbon/
87쪽 조명의 밝기 조절 http://www.targettrust.com.br/blog/marketing-digital/10-previsoes-para-internet-das-coisas/
88쪽 노벨 http://en.wikipedia.org/wiki/List_of_Nobel_laureates_in_Physics
청색 LED http://www.binbin.net/brand/agilight.htm
YAS Hotel http://homesthetics.net/yas-viceroy-abu-dhabi-hotel-asymptote-architecture/
89쪽 보조 배터리 게티이미지뱅크
1차 전지 https://namu.wiki/w/%EA%B1%B4%EC%A0%84%EC%A7%80
2차 전지 http://pcpinside.com/2056
90쪽 볼타 전지 https://desmanipulador.wordpress.com/2015/02/18/alessandro-volta-imagens/
슈퍼 커패시터 http://www.see.murdoch.edu.au/resources/info/Tech/enabling/
91쪽 태양 전지 http://www.nasa.gov/press-release/spinoff-2016-highlights-space-technologies-used-in-daily-life-on-earth
피에조 http://artrobot.co.kr/front/php/product.php?product_no=142
92쪽 전기 자동차 게티이미지뱅크
하이브리드 자동차 게티이미지뱅크
93쪽 우주인 게티이미지뱅크
엘론 머스크 http://besuccess.com/2014/06/elon-musk/
유인 우주선 http://www.spacex.com
화성 거주지 http://www.nasa.gov/mission_pages/exploration/mmb/22may_beaty_prt.htm
94쪽 직류 전동기 https://itp.nyu.edu/fab/intro_fab/week-6-mounting-motors/
교류 전동기 http://www.precision-elec.com/difference-from-ac-and-dc-electric-motors/
95쪽 직류 전동기의 원리 http://blog.naver.com/PostView.nhn?blogId=cylim3&logNo=40193593879
교류 전동기의 원리 http://cafe.daum.net/hana.mc/Ddul/15?q=%B1%B3%B7%F9%C0%FC%B5%BF%B1%E2&re=1
96쪽 치타 로봇 http://www.iamday.net/apps/article/talk/2518/view.iamday
오퍼튜니티 http://mars.nasa.gov/mer10/?ss=direct
큐리오시티 http://mars.nasa.gov/msl/multimedia/images/
달 표면 게티이미지뱅크
97쪽 마이크 진동판 http://www.pssl.com/images/ProdImage02/1500/SPC-10.jpg
98쪽 스피커의 구조 http://study.zum.com/book/14749
스피커 2개 게티이미지뱅크
홈 시어터 게티이미지뱅크
진공관 스피커 http://thisweek92.tistory.com/94
99쪽 극장 음향 시스템 http://livedesignonline.com/blog/fox-performing-arts-center-upgrades-audio-system-harmans-jbl-vertec-line-arrays
100쪽 헤르츠 실험 장치 http://physica.gsnu.ac.kr/phtml/electromagnetic/emwave/emwave/emwave.html
101쪽 패러데이 http://www.catholicherald.co.uk/commentandblogs/2013/09/25/michael-faraday-would-find-richard-dawkins-terrifying/
발전기 https://en.wikipedia.org/wiki/Dynamo
맥스웰 http://www.astronoo.com/en/biographies/james-clerk-maxwell.html
헤르츠 https://en.wikipedia.org/wiki/Heinrich_Hertz
라이덴병 http://www.unl.edu/physics/historical-scientific-instrument-gallery/electrostatics
마르코니 https://www.mhs.ox.ac.uk/marconi/presspack/
무선 전신기 https://www.mhs.ox.ac.uk/marconi/presspack/
우주선 게티이미지뱅크
감마선 아이클릭아트
X선 아이클릭아트
자외선 아이클릭아트
적외선 아이클릭아트
마이크로파: 아이클릭아트
TV파 아이클릭아트
라디오파 아이클릭아트
102쪽 RFID 태그 게티이미지뱅크
RFID 신용 카드 게티이미지뱅크
RFID 카드 리더기 게티이미지뱅크
RFID 시스템의 기본 구성 게티이미지뱅크
103쪽 생활 속 사물 인터넷(IoT) 기술 게티이미지뱅크
무선 충전 전기 자동차 http://www.engadget.com/2013/06/14/bosch-wireless-charger-leaf-volt/
104쪽 반도체 게티이미지뱅크
105쪽 다이오드 http://electricaltech4u.blogspot.kr/2015/04/what-is-diode.html
진공관 게티이미지뱅크
트랜지스터 http://www.taringa.net/post/imagenes/18431247/Microprocesadores-y-su-Arte-El-Interior.html
집적 회로 http://www.computerhistory.org/semiconductor/timeline/1960-FirstIC.html
초대규모 집적 회로 https://commons.wikimedia.org/w/index.php?search=ulsi&title=Special%3ASearch&go=Go&uselang=ko

3D 집적 회로 https://www.semiwiki.com/forum/content/2228-3d-ic-we-there-yet.html
106쪽 발광 다이오드(좌) http://www.flashlightblog.com/quick-guide-to-led-flashlights/
발광 다이오드(우) http://homedesignblogs.net/tag/who-invented-led-or-the-light-emitting-diode
다이오드 게티이미지뱅크
트랜지스터의 증폭 작용 http://study.zum.com/book/11901
기판에 설치된 트랜지스터 게티이미지뱅크
트랜지스터를 발명한 과학자들 http://news.mt.co.kr/mtview.php?no=2007122014330489570&type=1
107쪽 세계 최초의 트랜지스터 http://www.taringa.net/post/imagenes/18431247/Microprocesadores-y-su-Arte-El-Interior.html
세계 최초의 집적 회로 https://en.wikipedia.org/wiki/Integrated_circuit
메모리 반도체 장치들 http://blog.daum.net/zenpark/9583966
고밀도 집적 회로 http://news.softpedia.com/news/LSI-Starts-Sampling-First-28nm-HDD-Control-Chip-255806.shtml
마이크로프로세서 http://news.softpedia.com/news/intel-skylake-for-notebooks-will-come-in-october-487788.shtml
108쪽 황의 법칙 게티이미지뱅크
109쪽 제목 게티이미지뱅크
스마트폰(전면) 게티이미지뱅크
스마트폰(후면) http://samsungtomorrow.com/%EC%82%BC%EC%84%B1%EC%A0%84%EC%9E%90-%EA%B0%A4%EB%
F%AD%EC%8B%9C-s6%E2%88%99%EA%B0%A4%EB%9F%AD%EC%8B%9C-s6-%EC%97%A3%EC%A7%80-
%EA%B5%AD%EB%82%B4-%EC%B6%9C%EC%8B%9C

CIS http://www.samsung.com/global/business/semiconductor/news-events/press-releases?searchType=C&cateSearch=N010
Exynos http://global.samsungtomorrow.com/samsung-announces-mass-production-of-industrys-first-14nm-finfet-mobile-application-
processor/
eMCP https://memorylink.samsung.com/ecomobile/mem/ecomobile/application/applicationOverview.do?topMenu=A&subMenu=newApplic
ation&appNo=newApplication&appLabel=New%20Application
LPDDR2 http://www.samsung.com/global/business/semiconductor/support/package-info/package-datasheet/mobile-memory#none
microSD Card http://www.samsung.com/uk/consumer/memory-cards-hdd-odd/memory-cards/micro-sdhc-pro/MB-MGCGB/EU
SIM Card 아이클릭아트
110쪽 뉴런 아이클릭
로봇 손 http://blog.daum.net/autonics/11314744
111쪽 센서 http://www.kbench.com/life/?no=99723
카메라 게티이미지뱅크
립 모션 http://techholic.co.kr/archives/5086
112쪽 사람 게티이미지뱅크
터치 센서 게티이미지뱅크
113쪽 스마트폰 게티이미지뱅크
GPS 센서 게티이미지뱅크
지문 인식 센서 http://www.apple.com

4단원

116쪽 MRI, 허블 망원경 게티이미지뱅크
비행기, 세탁기, 레이더, 유리병, 카메라, 반도체, 주사기 아이클릭아트
117쪽 옷감 아이클릭아트
시계 아이클릭아트
라디오 아이클릭아트
118쪽 절임 식품 게티이미지뱅크
119쪽 자동화 시스템 게티이미지뱅크
레토르트 파우치 게티이미지뱅크
병조림 http://en.wikipedia.org/wiki/Nicolas_Appert
121쪽 고기 http://www.prweb.com/releases/2011/1/prweb8060152.htm
빵 http://www.nasa.gov
스틱바 http://www.neatoshop.com/product/Space-Food-Stick
우주인 게티이미지뱅크
122쪽 죽간 http://cfile8.uf.tistory.com/image/202A78474F3A8D4D1ADC1F
124쪽 이북 http://technolaw.biz/145/
전자 종이 디스플레이 https://sites.google.com/site/fl1electronicpaper/vantages
125쪽 화약 http://blog.daum.net/nasica/6862534
신기전 http://m.blog.daum.net/leesunshinjon/2812753
126쪽 다이너마이트 게티이미지뱅크
불꽃놀이 게티이미지뱅크
아파트 발파 해체 게티이미지뱅크
노벨 https://ko.wikipedia.org/wiki/%EC%95%8C%ED%94%84%EB%A0%88%EB%93%9C_%EB%85%B8%EB%B2%A8

찾아보기

10대를 위한 기술선생님이 들려주는 궁금한 제조 기술의 세계 01

초판 1쇄 발행   2016년 02월 25일
　　　4쇄 발행   2021년 11월 30일

지 은 이 | 심세용, 한승배, 오규찬, 오정훈, 이동국
발 행 인 | 신재석
발 행 처 | (주)삼양미디어
등록번호 | 제10-2285호
주　　소 | 서울시 마포구 양화로 6길 9-28
전　　화 | 02 335 3030
팩　　스 | 02 335 2070
홈페이지 | www.samyang𝓜.com

I S B N | 978-89-5897-313-3 (44500)
　　　　　978-89-5897-309-6 (5권 세트)